建设行业岗位技能实训系列教材

建筑CAD技能实训

中国建设教育协会　组织编写

夏玲涛　主编

中国建筑工业出版社

图书在版编目（CIP）数据

建筑 CAD 技能实训/夏玲涛主编. —北京：中国建筑工
业出版社，2012.6（2021.8 重印）
建设行业岗位技能实训系列教材
ISBN 978-7-112-14417-4

Ⅰ.①建…　Ⅱ.①夏…　Ⅲ.①建筑设计-计算机辅助设
计-AutoCAD 软件　Ⅳ.①TU201.4

中国版本图书馆 CIP 数据核字（2012）第 128169 号

本书是以提高学者的职业实践能力和职业素养为宗旨，倡导以学生为本位教育
培训理念，突出职业教育的特色，根据工程实践中的具体任务组织教学内容。本书
共有 11 章，主要内容包括 CAD 绘图基础、绘制 A2 图框、绘制施工现场平面布置
图、绘制塔吊基础图、绘制建筑平面图、绘制建筑立面图、绘制建筑剖面图、绘制
正等轴测图、图形信息查询与管理、图形输出、ET 扩展工具，附录中列出了 CAD
的常用命令。本书可作为职业教育相关课程的教材，也可供工程技术人员参考。

* * *

责任编辑：朱首明　李　明
责任设计：张　虹
责任校对：党　蕾　赵　颖

建设行业岗位技能实训系列教材
建筑 CAD 技能实训
中国建设教育协会　组织编写
夏玲涛　主编

*

中国建筑工业出版社出版、发行（北京西郊百万庄）
各地新华书店、建筑书店经销
北京红光制版公司制版
北京建筑工业印刷厂印刷

*

开本：787×1092 毫米　1/16　印张：13¼　字数：330 千字
2012 年 10 月第一版　2021 年 8 月第七次印刷
定价：**30.00** 元
ISBN 978-7-112-14417-4
（22486）

编 者 的 话

　　教育部、住房和城乡建设部合作举办全国职业院校技能大赛中职组建筑工程技术技能比赛已进入第三个年头。

　　这个由政府搭台、行业介入、企业赞助、学校参与的大赛，其关联度、受众面、影响力则越来越大，初步形成了"校校有比赛，层层有选拔，全国有大赛"的可喜局面。据2010年不完全统计，全国各地参加各类别比赛的中等职业学校学生达到 400 多万人次，占在校生总数的 20％以上。

　　建筑工程技术技能比赛，作为全国职业院校技能大赛中职组技术技能比赛的一个分支，从开始的一、二个赛项发展到目前五个赛项，涉及全国 37 个省市，仅参加全国比赛的学生约五百人，连同之前的校赛、省市赛、参与的人数多达几十万。

　　前两年大赛的成果证明了，在推动职业教育的内涵发展，加快职业教育人才培养模式的改革，促进职业教育与产业结合、加强学生职业技能培养、推进双师型教师队伍建设等方面，大赛凸显重要的作用。当然，大赛也暴露出学生职业技能培训的缺失，尤其是创新能力的不足；职业院校教师的"双师型"素质亟待提高等问题。

　　为解决上述问题，我们组织比赛大纲起草者、命题人、参与裁判工作的教师，共同编著了这套职业技能训练指导丛书。本丛书力求将比赛元素融合于日常教学之中，力求使内容更贴近职业技能的实际，力求让学生多掌握一点就业本领。因此，我们将本丛书取名为建设行业岗位技能实训系列教材。

　　我们计划每一个赛项都有一本岗位技能实训书与之配套，现先推出工程算量技能实训和楼宇智能化系统与技能实训两本。

　　本套丛书如期出版了。参与编著工作的专家们为之付出了极大的辛劳，教育部职成司、住房和城乡建设部人事司的领导给予了极大支持和直接指导，在此一并表示衷心感谢！

中国建设教育协会
于二零一一年四月

前　言

计算机辅助设计（Computer Aided Design）技术的发展日新月异，已经渗透到社会的多种行业，在建筑工程领域更是得到了广泛的应用。应用 CAD 绘图是建筑工程领域的设计、施工、管理各方人员等必备的职业能力，从而解决了手工绘图效率低、准确度差的问题。

本书编写时以施工管理人员岗位群职业能力为基础，对建筑 CAD 应用能力进行能力标准定位：以职业素质为根本，将建筑 CAD 应用能力分为三个层次，第一层次是基本绘图能力，即掌握 CAD 的基本知识，能准确绘制建筑工程施工图；第二层次是技巧操作能力，即掌握 CAD 的操作技巧，能快速绘制建筑工程施工图；第三层次是查询管理能力，即掌握 CAD 的查询管理功能，近期目标可以对图形信息进行查询管理，辅助施工定位、放样、管理等工作，远期目标将以工程项目建设为核心，将分散的各相关生产实体组成一个"虚拟群体"，共享图形库、数据库和材料库，并行活动，随时进行交换或修改某一环节，协同设计、施工与管理，走向"虚拟群体并行协同工作环境"阶段。

本书内容精炼，由 CAD 绘图基础、专项方案施工图、建筑施工图、图形信息查询管理、图形输出五大部分组成。其中，CAD 绘图基础介绍 CAD 软件的功能和发展，CAD 的工作界面、常用操作、文件管理、坐标系统、图形界限设置、绘图辅助工具等基本常识，CAD 软件的基本绘图命令和编辑命令，并在此基础上介绍了图框的绘制。专项方案施工图部分是本书的特色所在，鉴于目前的建筑 CAD 教材偏重设计领域，本书针对施工管理人员岗位群职业岗位需求，特别设置了两个施工专项方案的绘制，即施工现场平面布置图、塔吊基础图。建筑施工图部分介绍了建筑平面图、建筑立面图、建筑剖面图的绘制，另外还介绍了正等轴测图的绘制。本书编写时，以中望 CAD2011 版为例，因此最后特别介绍了中望 CAD 软件的 ET 扩展工具。

作为一门强调动手能力的课程，本书在介绍了基本绘图命令和编辑命令的基础上，就开始从易到难、循序渐进地安排绘图工作任务，并将高级绘图命令和编辑命令穿插在不同的工作任务前介绍，让学生从简单到复杂，逐步培养建筑 CAD 的绘图能力。同时，本书在每个单元后面设置了单元小结和能力训练题，让学生在每个单元教学后进行回顾总结，并自己动手练习。

本书除了作为建筑技术专业、监理专业的教材以外，还可以作为建筑施工技术入门人员学习建筑 CAD 绘图的指导书，也可供建筑行业其他工程技术人员及管理人员学习参考。

本书由浙江建设职业技术学院夏玲涛（副教授、高级工程师、国家一级注册结构工程师）任主编，浙江建设职业技术学院邬京虹（讲师、建筑师）和湖州职业技术学院黄昆（讲师、工程师）任副主编。单元1、单元2、单元4、单元10由夏玲涛编写，单元5、单元6、单元7、单元8由邬京虹编写，单元3由黄昆编写，单元9由浙江建设职业技术学院洪笑（助讲）编写。在本书编写过程中，得到了杭州恒元建筑设计研究院、浙江天华建设集团有限公司等诸多单位和专家的大力支持和帮助，同时，编写委员会提出了编写意见和建议，浙江建设职业技术学院的诸多同事也提供了资料和帮助，在此一并表示感谢。

编写过程中，主编人员以实用性、适用性、系统性为主旨，紧贴工程实践，采用国家最新规范，选用多套实际工程施工图，将理论知识与实际应用紧密相结合。如何更好地培养学生的建筑 CAD 应用能力，我们还在不断地探索之中，因此建筑 CAD 的教学内容、教学方法还需要不断地补充和完善。另外，由于编者水平有限，书中缺点与问题在所难免，恳请读者批评指正。

目　录

单元1 CAD 绘图基础

1.1 CAD 概 述

计算机辅助设计又称CAD（Computer Aided Design），是指利用计算机的计算功能和高效的图形处理能力，对产品进行辅助设计分析、修改和优化。它综合了计算机知识和工程设计知识的成果，并且随着计算机硬件性能和软件功能的不断提高而逐渐完善。目前在计算机辅助设计领域，已涌现出数以千计的软件。

本书以中望CAD2011版为例，对软件的主要功能、软硬件需求、软件安装与启动、用户界面、基本操作、图纸绘制、图形信息查询与管理和图形打印及转化等逐一进行介绍，使读者对该软件有一个整体的认识和把握。

1.1.1 软件简介

CAD具有易于掌握、使用方便、绘制精确的特点。它功能强大、应用面广、开放性好，因此，可作为二次开发的软件平台。同其他大型化、专业化的CAD设计软件相比，CAD对计算机系统的要求较低、价格便宜，具有很高的性价比。它能精确绘制平面图形和三维图形，具有标注尺寸、渲染图形及打印出图等功能。

CAD的应用范围有两大类，一类是机械、电气、电子、轻工和纺织，另一类是建筑工程。在我们建筑工程领域，随着CAD软件从最初的二维通用绘图软件发展到如今的三维建筑模型软件，CAD技术已被广泛采用。从20世纪90年代末期以来，CAD软件和3DMAX技术就替代了传统的喷绘效果图制作，包括中央电视台新址、鸟巢、水立方等的建设都在完工前让公众"看"到其建成效果。

如今，CAD技术的应用范围已经延伸到电影、动画、广告等领域，电影拍摄中利用CAD技术已有十余年的历史，比如《星球大战》、《侏罗纪公园》、《汽车总动员》、《阿凡达》等美国片大量利用计算机造型仿真出逼真的现实世界中没有的原始动物、外星人以及各种场景等，并将动画和实际背景以及演员的表演天衣无缝地合在一起，在电影制作技术上大放异彩，取得了极大的成功。

1. CAD软件发展历史

CAD（Computer Aided Design）诞生于20世纪60年代，美国麻省理工大学提出了交互式图形学的研究计划，由于当时硬件设施昂贵，只有美国通用汽车公司和美国波音航空公司使用自行开发的交互式绘图系统。70年代，随着计算机变得更便宜，应用范围也逐渐变广。80年代，由于PC机的应用，CAD得以迅速发展，出现了专门从事CAD系统开发的公司，比如Autodesk公司，其开发的CAD系统虽然功能有限，但因其可免费拷贝，故在社会得以广泛应用。

近十年来,我国计算机辅助设计技术应用越来越普遍,越来越多的设计单位和企业采用这一技术来提高设计效率、产品质量和改善劳动条件。目前,我国从国外引进的 CAD 软件有好几十种,国内的一些科研机构、高校和软件公司立足于国内,也开发出了自己的 CAD 软件,并投放市场。

2. CAD 软件基本特点

(1) 具有完善的图形绘制功能。

(2) 有强大的图形编辑功能。

(3) 可以采用多种方式进行二次开发或用户定制。

(4) 可以进行多种图形格式的转换,具有较强的数据交换能力。

(5) 支持多种硬件设备。

(6) 支持多种操作平台。

(7) 具有通用性、易用性,适用于各类用户。

此外,CAD 软件不断更新,增加了许多强大的功能,如 CAD 设计中心 (ADC)、Internet 驱动等,从而使系统更加完善。

3. 软件基本功能

(1) 强大的二维绘图功能

CAD 提供了一系列的二维图形绘制命令,可以方便地用各种方式绘制二维基本图形对象(如点、直线、圆、圆弧、正多边形、椭圆、组合线、样条曲线等),并可对指定的封闭区域填充以图案(如涂黑、砖图例、钢筋混凝土图例、渐变色等)。

(2) 灵活的图形编辑功能

CAD 提供了强大的图形编辑和修改功能,如:移动、旋转、缩放、延长、修剪、倒角、倒圆角、复制、阵列、镜像、删除等,可以灵活方便地对选定的图形对象进行编辑和修改。

(3) 实用的辅助绘图功能

为了绘图的方便、规范和准确,CAD 提供了多种绘图辅助工具,包括绘图区光标点的坐标显示、用户坐标系、栅格、捕捉、目标捕捉、自动捕捉、正交方式等功能。

(4) 方便的尺寸标注功能

利用 CAD 提供的尺寸标注功能,用户可以定义尺寸标注的样式,为绘制的图形标注尺寸、尺寸公差、几何形状和位置公差、注写中文和西文字体。

(5) 显示控制功能

CAD 提供了多种方法来显示和观看图形。"视图缩放"功能可改变当前视口中图形的视觉尺寸,以便清晰地观察图形的全部或某一局部的细节;"视图平移"功能相当于窗口不动,在窗口后上、下、左、右移动一张图纸,以便观看图形上的不同部分;"三维视图控制"功能通过选择视点和投影方向,显示轴测图、透视图或平面视图,消除三维显示中的隐藏线,实现三维动态显示等;"多视窗控制"能将屏幕分成几个窗口,每个窗口可以单独进行各种显示并能定义独立的用户坐标系;重画或重新生成图形等。

(6) 图层、颜色和线型设置管理功能

为了便于对图形的组织和管理,CAD 提供了图层、颜色、线型、线宽及打印样式设置功能,可以对绘制的图形对象赋予不同的图层、用户喜欢的颜色、所要求的线型、线宽及打印控制等对象特性，并且图层可以被打开或关闭、冻结或解冻、锁定或解锁。

（7）图块和外部参照功能

为了提高绘图效率，CAD 提供了图块和对非当前图形的外部参照功能，利用该功能，可以将需要重复使用的图形定义成图块，在需要时依照不同的基点、比例、转角等方式插入到新绘制的图形中，或将外部及局域网上的图形文件以外部参照的方式链接到当前图形中。

（8）三维实体造型功能

CAD 提供了多种三维绘图命令，如创建长方体、圆柱体、球体、圆锥、圆环、楔形体等，以及将平面图形经回转和平移分别生成回转扫描体和平移扫描体等，通过对立体间进行交、并、差等布尔运算，可以进一步生成更为复杂的形体。

（9）数据交换

CAD 提供了多种图形图像数据交换格式及相应命令。

（10）二次开发

CAD 允许用户定制菜单和工具栏，并能利用内嵌语言中望 lisp、Visual Lisp、VBA、ADS、ARX 等进行二次开发。

1.1.2　安装要求

在安装和运行 CAD 的时候，软件和硬件必须达到表 1-1 的要求：

表 1-1

硬件与软件	要　　求
处理器	Pentium Ⅲ 800MHz 或更高
内存	512MB（推荐）
显示器	1024×768 VGA 真彩色（最低要求）
硬盘	350MB 以上
DVD—ROM	任意速度（仅用于安装）
定点设备	鼠标、轨迹球或其他设备
操作系统	Windows2000、Windows XP、Windows 2003、Windows Vista、Windows 7

对于现阶段计算机的配置来说，以上的要求不高。在条件允许的情况下，尽量把计算机的内存容量提高，这样在绘图过程中会更加顺畅。

1.2　基　本　知　识

1.2.1　工作界面

CAD 的工作界面主要由标题栏、下拉菜单栏、工具栏、命令行、状态栏、绘图区等组成。启动中望 CAD2011 后，进入其工作界面（图 1-1）。

1. 标题栏

标题栏显示两项内容，中望 CAD 图标和当前打开的图形文件名称。

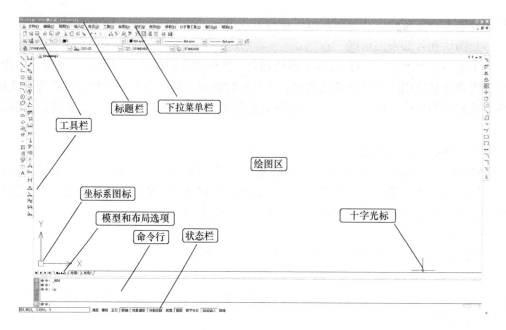

图 1-1 工作界面

鼠标左键单击中望 CAD 的图标或鼠标右键单击标题栏任意空白处，系统会弹出一个窗口控制菜单，利用该菜单中的命令，可以进行还原窗口、移动窗口、最小化或最大化窗口、移动窗口或关闭应用程序等操作。

图 1-2 "窗口控制"
　　　按钮

CAD 默认图形文件名称为：Drawing N，其中的"N"为数字。

在标题栏的右端有三个标准 Windows 窗口控制按钮（图 1-2），分别为最小化按钮、最大化/还原按钮、关闭应用程序按钮，可以最小化窗口、最大化/还原窗口、关闭应用程序。

2. 下拉菜单栏

CAD 的下拉菜单栏中，共有 11 个菜单。移动鼠标，当鼠标指向某菜单后，该菜单条按钮浮起。鼠标左键单击某一菜单后，弹出该菜单下面包含的各选项，根据需要进行选择操作。

CAD 的下拉菜单栏有文件、编辑、视图、插入、格式、工具、绘图、尺寸标注、修改、窗口、帮助共 11 个菜单。使用下拉菜单操作时应注意：

（1）当选项呈现灰色时，表示该选择在当前状态下不可用。

（2）当选项右面有标记"▶"时，表明该选项下还有下一级选项。

（3）当选项右面有标记"..."时，表明单击该选项后，将弹出一个对话框。

（4）当选项后面有按钮组合时，表明这几个按钮组合是该选项的快捷键，可以在不打开菜单的情况下，直接输入按钮组合，即可执行相应的菜单命令。

在下拉菜单栏的右端也有三个标准 Windows 窗口控制按钮：最小化按钮、最大化/还原按钮、关闭应用程序按钮，同图 1-2 所示，这三个控制按钮仅对当前打开的图形有效。

3. 工具栏

CAD 提供了几十个工具栏，每个工具栏以图标按钮的形式列出命令。当光标移动到某个图标按钮上稍作停留时，系统将显示该按钮的命令名称。鼠标左键单击图标按钮，则启动相应命令。默认状态下，常用的几个工具栏处于打开状态，如"标准"工具栏（图1-3）、"绘图"工具栏（图1-4）、"修改"工具栏（图1-5）等。

图 1-3 "标准"工具栏

图 1-4 "绘图"工具栏

图 1-5 "修改"工具栏

工具栏的位置可以通过拖拉该工具栏来改变。移动光标到工具栏的任意区域，单击鼠标右键，即可显示系统所有工具栏，用户可在此选取需要打开或者关闭的工具栏。

4. 命令行

命令行是系统与用户之间对话的窗口，用户在此输入命令，系统在此显示提示信息。默认状态下，命令行在绘图区底部固定，而且命令行为 3 行，显示最近 3 次的输入命令或提示信息。命令行可通过拖拉来改变位置及显示行数。

当进入 CAD 后，命令行显示【命令:】，表明系统等待用户输入命令。当处于命令执行过程中，命令行显示各种操作提示。在命令输入和执行时，用户必须密切注意命令行显示的内容，才能确保操作正确。当命令执行结束后，命令行又回到显示【命令:】状态，等待用户输入新的命令。

5. 状态栏

状态栏左边显示当前光标位置，包括 X、Y、Z 三个方向的坐标值，右边显示光标捕捉模式、栅格模式、正交模式、DYN（动态输入）等状态图标按钮。鼠标右键单击图标按钮，可根据需要对该项进行选择设置。

鼠标左键单击状态栏中的图标按钮，可以打开或关闭相应状态。图标按钮凸起为关闭状态，凹陷为打开状态。绘图时我们根据实际情况选用。

例如，当绘制水平或垂直线时，一般我们就按下【正交】图标按钮，命令行提示【正交开】，绘制时就会方便很多。

例如，当按下状态栏中的【DYN】按钮启用动态输入时，工具栏提示信息随着光标移动而动态更新。当输入命令后，可以在工具栏提示中输入数值，输入时可通过 Tab 键切换。动态输入功能可以在光标附近显示工具栏提示信息，为用户提供了一个命令界面，使用户可专注于绘图区域。

6. 绘图区

绘图区是用户绘图的工作区域，也称为视图窗口。绘图区是 CAD 工作界面中面积最大的区域，用户只能在绘图区绘制图形，绘图区没有边界，可以利用视图中的缩放、平移命令使绘图区无限增大或缩小。在下拉菜单【工具】中点击【选项】，系统将出现"选项"对话框，点击【显示】选项，单击"窗口元素"选项组的【颜色】按钮，可以调整绘图区的背景色。我们绘图时一般都认可默认选项，背景色为黑色。

7. 十字光标

当鼠标光标在绘图区，呈现带小方框的十字形式时称为十字光标，出现十字光标表明系统处于正常绘图状态，用户可以输入要执行的命令。在下拉菜单【工具】中点击【选项】，系统将出现"选项"对话框，点击【显示】选项，可以调整十字光标的大小。

8. 滚动条

单击绘图区下边和右边滚动条上的箭头按钮，或拖动滚动条上的滑块，可以使绘图区水平或垂直移动。

9. 坐标系图标

绘图区左下角的坐标系图标，显示当前使用的坐标系统类型。

10. 模型和布局选项

CAD 提供了两个并行的工作环境：模型空间、布局空间。点击"模型"和"布局"选项，可以进行两个空间的相互切换。模型空间是我们绘制图形的常用空间。

模型空间具有无限大的图形区域，打开 CAD 后就直接进入了模型空间，在这里可以按照不同的比例来绘制图形和输出图形。

当需要将一个或多个模型视图进行不同比例的调整，然后排版输出在一张图纸上时，我们点击"布局"选项进入布局空间，一个布局代表一张图纸，这一张图纸上可以同时布置不同比例的几张图进行打印，布局空间显示图形打印输出后的效果。

1.2.2　常用操作

CAD 中有几百条命令，不同命令的功能当然不一样，具体操作也各不相同。下面简单介绍 CAD 的常用操作方法。

1. 命令操作

命令可以通过鼠标、键盘等方式输入。当用户输入命令后，系统将在命令行给出下一步提示，用户根据命令行的提示进行操作，即可完成该命令的操作。命令操作过程中注意以下几点。

（1）"/"：命令行提示中的分隔符号，将命令中不同选项分开，每一个选项圆括号内有一个或者两个大写字母，直接输入该字母就可执行该选项。

（2）"〈 〉"：方括号内为系统默认值（也称缺省值）或当前要执行的选项，如不符合用户要求，可输入新值。

（3）中途退出命令可直接按【Esc】键。

（4）执行完命令后，使用【空格】键、【Enter】键、鼠标右键，可重复执行该命令。

2. 鼠标操作

鼠标左键一般执行选择图形实体的操作，鼠标右键一般执行显示快捷菜单或回车确认的操作，其基本操作方法如下：

（1）单击鼠标左键→选择命令：将鼠标光标移至下拉式菜单，鼠标滑过菜单底色变蓝，这时单击鼠标左键将选中此菜单；将鼠标光标移至工具条，鼠标滑过的图标按钮将浮起，这时单击鼠标左键将执行此命令。

（2）单击鼠标左键→选择对象：将鼠标光标放在所要选择的对象上，单击鼠标左键即选中此对象。

（3）按照鼠标左键→拖动：将鼠标光标移至工具栏或对话框上，按住鼠标左键并拖动，可以将工具栏或对话框移到新位置；将鼠标光标移至屏幕滚动条上，按住鼠标左键并拖动鼠标即可滚动当前绘图屏幕。

（4）单击鼠标右键→快捷菜单：鼠标光标在绘图区时，单击鼠标右键，会出现快捷菜单；将鼠标光标放在工具栏上，单击鼠标右键，会弹出工具栏设置对话框，用户可以按照自己的要求定制工具栏。

（5）单击鼠标右键→确认操作：命令行输入完毕后，单击鼠标右键表示确认。

3. 鼠标光标

鼠标在绘图区移动时，通常情况下光标为一带小方框的十字光标，但在某些情况下，光标形状会相应改变。表1-2列出了鼠标光标常见形状和相应可执行的操作情况。

鼠标光标常见形状　　　　　　　　　　　表1-2

鼠标光标形状	可 执 行 操 作
⊕	正常绘图状态，用户可以输入命令
＋	系统等待状态，用户按照命令行提示操作
□	用户可以选择对象
▸	用户可以正常选择菜单
⧗	系统忙，正在进行某项操作，不能执行其他命令

4. 操作习惯

为了方便快捷的绘制图形，CAD的初学者应该养成一个良好的操作习惯，即左手键盘、右手鼠标的操作方式。

CAD有很多快捷键，左手操作起来十分方便。比如说键盘上的【空格】键，与【Enter】键的功能是等同的，CAD操作中时可以按【空格】键确认，也可以按【Enter】键确认。【空格】键的标准操作指法是左手大拇指点按，【Enter】键的标准操作指法是右手小拇指点按。当我们绘图过程中在命令行输入一个命令需要确认时，在右手鼠标的情况下，当然选择采用左手大拇指点按【空格】键确认，这样操作相当方便，而不可能放下鼠标用右手小拇指去操作【Enter】键。

5. 快捷键

绘图过程中，掌握快捷键将大大加快操作速度。CAD中的不少快捷键方式对Word、Excel、天正CAD等其他CAD也都是同样有效的，属于通用命令，值得下点工夫记住，对我们帮助会很大。以下是使用频率较高的通用快捷键。

Ctrl＋C：复制；　　　Ctrl＋V：粘贴；

Ctrl＋X：剪切；　　　Ctrl＋A：全选；

Ctrl＋S：保存；　　　Ctrl＋Z：撤销操作。

1.2.3　文件管理

CAD 中常用的文件管理命令有新建图形文件（New）、打开图形文件（Open）、保存图形文件（Qsave/Save as）、关闭图形文件（Quit）等。

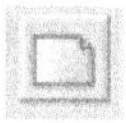

1. 新建图形文件（New）

图 1-6　"新建"
按钮

◆ 鼠标左键单击下拉菜单栏【文件】，选择点击【新建】。

◆ 或者在标准工具栏点击【新建】按钮（图 1-6）。

◆ 或者在命令行提示【命令：】栏输入：New，并确认。

命令输入后，系统弹出一个"选择文件"对话框（图 1-7）。

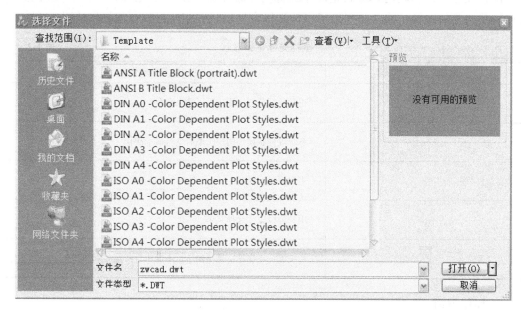

图 1-7　"选择文件"对话框

单击对话框中"打开"按钮右边的"▼"按钮，在下级选项中选择"无样板打开—公制"，对话框将关闭并回到绘图状态，可以开始绘图。

CAD 还可以制作样板图作为模板。根据自己专业绘图的要求，设置单位类型、精度、图层、线型、标注样式、文字样式等，然后将做好的样板图保存到 CAD 目录的 Template 子目录文件夹内，绘制新图时就可以直接选用符合自己需要的样板图了。

当采用样板图工作后，系统将记住，下次启动或新作图时，仍会采用该样板图。

2. 打开图形文件（Open）

◆ 鼠标左键单击下拉菜单栏【文件】，选择点击【打开】。

◆ 或者在标准工具栏点击【打开】按钮（图 1-8）。

◆ 或者在命令行提示【命令：】栏输入：Open，并确认。

图 1-8　"打开"
按钮

命令输入后，系统会弹出一个"打开图"对话框（图 1-9）。

图 1-9 "打开图"对话框

对话框中常用选项说明如下：

【查找范围】：点取下拉式列表框，可以改变搜索图形文件的目录路径。

【名称】：在文件列表框中点取图形文件名称，或者在【文件名】对话框中输入文件名，然后点取"打开"按钮，即可打开图形文件。

【预览】：选择图形文件后，可以从预览窗口浏览将要打开的图样。

【文件类型】：显示文件列表框中文件的类型。

3. 保存图形文件（Qsave/Save as）

（1）快速存盘（Qsave）

◆ 鼠标左键单击下拉菜单栏【文件】，选择点击【保存】。

◆ 或者在标准工具栏点击"保存"按钮（图 1-10）。

◆ 或者在命令行提示【命令：】栏输入：Qsave，并确认。

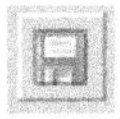

图 1-10 "保存"按钮

命令输入后：

1）如果当前图形文件已经命名，系统将以原文件名保存，同时产生后缀为"bak"的同名备份文件。当图形文件损坏，可用此文件恢复上一次保存的图形文件，直接修改后缀"bak"为"dwg"即可。

2）如果当前图形文件没有命名，系统将弹出"图形另存为"对话框（图 1-11），此时对话框中【文件名】显示默认图形文件名（Drawing N），用户可在此输入图形文件名，并选择图形文件保存路径，完成后单击"保存"按钮。

（2）换名存盘（Save as）

◆ 鼠标左键单击下拉菜单栏【文件】，选择点击【另存为】。

◆ 或者在命令行提示【命令：】栏输入：Save as，并确认。

命令输入后，CAD 将弹出"图形另存为"对话框（图 1-11），用户可在此输入图形文件名，并选择图形文件保存路径，完成后单击"保存"按钮。

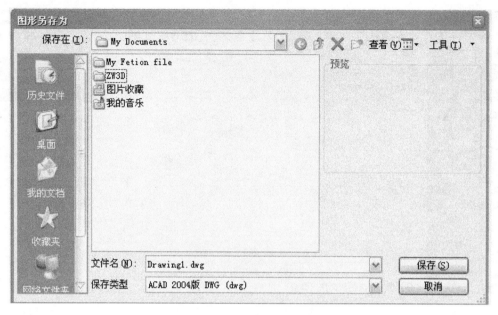

图 1-11 "图形另存为"对话框

（3）自动存盘

绘制一张图纸须要很长时间，用户在绘图过程中如果没有经常保存文件，一旦遇到死机、停电等意外情况，就会丢失文件，CAD 为此提供了自动存盘的功能。

鼠标左键单击下拉菜单栏【工具】，选择点击【选项】，CAD 将弹出"选项"对话框（图 1-12）。点击【打开和保存】选项，打开"自动保存"功能，在"保存间隔分钟数"

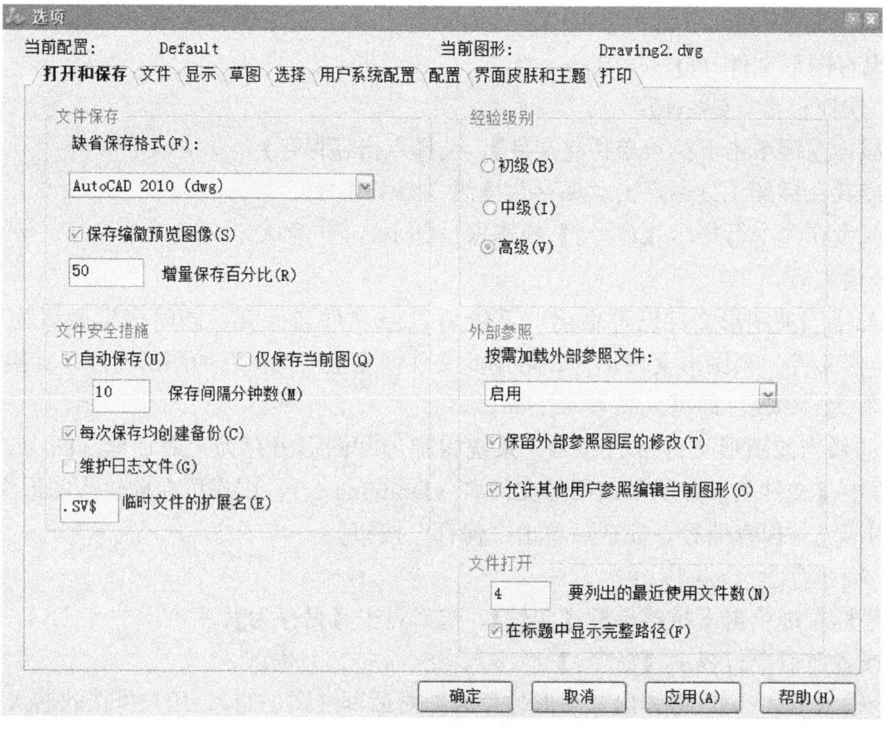

图 1-12 "选项"对话框

输入自动保存的间隔时间，系统将自动为你保存一个以 sv＄为后缀的临时文件。这个文件存放在指定目录里，碰到异常情况，可将此文件后缀更改为 dwg，就可以在 CAD 中打开了。

CAD 自动保存文件的指定目录如觉得不合适，用户可在"选项"对话框中点击【文件】选项，点击列表框中"临时文件保存路径"，设置自动保存文件的路径。

CAD 自动保存文件的临时指定名称为 FileName ＿a ＿b ＿nnnn. sv＄，FileName 为当前图形文件名，a 为在同一工作任务中打开同一图形的次数，b 为在不同工作任务中打开同一图形的次数，nnnn 为随机数。

4. 关闭图形文件（Quit）

◆ 鼠标左键单击下拉菜单栏【文件】，选择点击【退出】。

◆ 或者在命令行提示【命令：】栏输入：Quit，并确认。

命令输入后：

（1）如果已命名的图形文件未改动，则立即退出系统。

（2）如果已命名的图形文件有改动或未命名图形文件，系统会弹出一个"退出提示"对话框（图 1-13）。单击"是（Y）"按钮，对已命名的文件存盘并退出系统；对未命名的文件，则弹出"图形另存为"对话框（图 1-11），

图 1-13 "退出提示"对话框

在对话框将文件命名后存盘并退出系统。单击"否（N）"按钮，对图形所作的绘制编辑改动将不作保存并退出系统。单击"取消"按钮，则取消关闭图形文件的命令，并返回图形绘制编辑状态。

1.2.4 坐标系统

CAD 绘图时确定某点位置需要采用坐标系统定位，CAD 的坐标系统有笛卡尔坐标系统（CCS）、世界坐标系统（WCS）和用户坐标系统（UCS）。

1. 笛卡尔坐标系统（CCS）

任何一个物体都是三维体，物体上的任一点都是三维的。只要给定一个点的三维坐标值，就可以确定该点的空间位置。用户启动 CAD，系统自动进入笛卡尔右手坐标系的第一象限，也就是世界坐标系统（WCS）。在 CAD 工作界面状态栏中显示的三维数值，即为当前十字光标在笛卡尔坐标系统中的三维坐标。

系统在缺省状态下，用户只能看到一个二维平面直角坐标系统，因而只有 X 轴和 Y 轴的坐标在不断变化，而 Z 轴的坐标值一直为零。在二维平面上绘制和编辑图形时，只需输入 X、Y 轴的坐标，Z 轴坐标由系统自动定义为 0。

2. 世界坐标系统（WCS）

世界坐标系统（WCS）是 CAD 绘制和编辑图形的基本坐标系统，也是进入 CAD 后的缺省坐标系统。世界坐标系统（WCS），它由三个正交于原点的坐标轴 X、Y、Z 组成。世界坐标系统（WCS）与笛卡尔坐标系统（CCS）一样，坐标原点和坐标轴是固定的，不会随用户的操作而发生变化，一般也称为通用坐标系统。

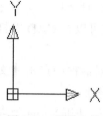

图 1-14　世界坐标系统（WCS）

世界坐标系统（WCS）默认 X 轴正方向为水平向右，Y 轴正方向为垂直向上，Z 轴的正方向垂直于屏幕指向用户。坐标原点在绘图区的左下角，系统默认的 Z 坐标值为 0，如果用户没有另外设定 Z 坐标值，所绘图形只能是 XY 平面的二维图形。图 1-14 所示为绘图区左下角的世界坐标系统（WCS）图标。

3. 用户坐标系统（UCS）

CAD 提供了可变的用户坐标系统（UCS）。为方便用户绘图，用户坐标系统（UCS）在通用坐标系统内任意一点上，可根据用户需要以任意角度旋转或倾斜其坐标轴，它在绘制三维图形中应用广泛。在缺省状态下，用户坐标系统与世界坐标系统相同。

用户可以在绘图过程中根据具体情况来定义用户坐标系统（UCS）。鼠标左键单击下拉菜单栏【视图】，选择点击【显示】，在下级选项中选择点击【UCS 图标】，可以设置打开和关闭坐标系图标，也可以设置是否显示坐标系原点，还可以设置坐标系图标的样式、大小及颜色。

4. 图形单位

CAD 中绘制的所有图形都是根据图形单位进行测量的。开始绘图前，必须基于要绘制的图形确定一个图形单位代表的实际大小，然后根据设定惯例绘制实际大小的图形。例如，一个图形单位的距离通常表示实际单位的 1mm、1cm、1 英寸或 1 英尺。

注：CAD 绘制建筑工程图时，我们通常以 1 个图形单位的长度表示实际工程中的 1mm。

鼠标左键单击下拉菜单栏【格式】，选择点击【单位】，系统将弹出"图形单位"对话框（图 1-15），用户可以进行长度、角度等图形单位的设置。

5. 数据输入方式

CAD 绘图时用户可以用鼠标直接定位坐标点，但不是很精确，采用键盘输入坐标值的方式可以更精确地定位坐标点。系统提供了四种坐标点定位方式：绝对坐标、相对坐标、绝对极坐标和相对极坐标。

（1）绝对坐标

绝对坐标是以当前坐标系统原点

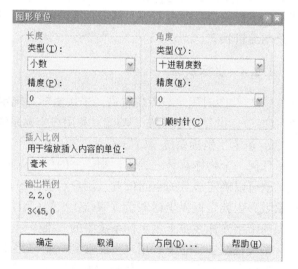

图 1-15　"图形单位"对话框

为输入坐标值的基准点，输入点的"x，y，z"坐标都是相对于坐标系原点（0，0，0）为基准确定的。在二维图中，系统自动定义 z＝0，因此不须再输入 Z 轴的坐标值，用户采用绝对坐标时的输入格式为"x，y"。比如用户需要绘制点 A，输入：10，15（中间用逗号隔开），就定义了该点 A 的位置（图 1-16）。

（2）相对坐标

相对坐标是以前一个点为参考点，输入点的坐标值是以前一点为基准确定的。在二维图中，用户采用相对坐标时的输入格式为"@x，y"。比如用户以前面的 A 点为参考点，输入：@10，15，就定位了 B 点（图 1-17），该点相对于 A 点的位置为 X 轴方向向右 10，Y 轴方向向上 15。

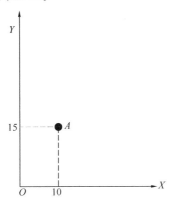

图 1-16 "绝对坐标"输入方式

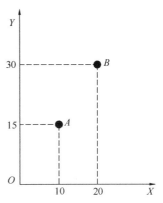

图 1-17 "相对坐标"输入方式

（3）绝对极坐标

绝对极坐标是以原点为极点，输入相对于极点的距离和角度来定位。用户采用绝对极坐标时的输入格式为"距离＜角度"。比如用户输入：20＜30，就定位了 C 点（图 1-18）。

（4）相对极坐标

相对极坐标是以前一个点为极点，输入相对于前一个点的距离和角度来定位。用户采用相对极坐标时的输入格式为"@距离＜角度"。比如用户以 C 点为参考点，输入：@25＜90，就定位了 D 点（图 1-19）。

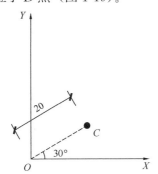

图 1-18 "绝对极坐标"输入方式

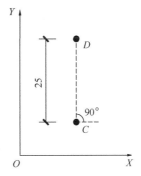

图 1-19 "相对极坐标"输入方式

在绘图过程中不是自始至终只使用一种坐标模式，而是将多种坐标模式混合在一起使用。用户可先以绝对坐标开始，然后改为相对坐标、相对极坐标。绘制过程中应该根据需要灵活选择最有效的坐标方式。

注：除了这四种数据输入方式，系统还有一种直接距离输入法，即通过移动光标指示方向，然后输入距离来指定点。这种输入法通常在正交模式打开的状态下应用，十分便捷。我们将在单元 2 绘制多段线的操作示例中进行介绍。

1. 2. 5　图形界限设置（Limits）

图形界限设置是确定图纸的边界和绘图工作区域，以避免用户所绘制的图形超出指定范围。

鼠标左键单击下拉菜单栏【格式】，选择点击【图形界限】；

或者在命令行提示【命令:】栏输入：Limits，按【空格】键确认。

此时命令行提示【限界关闭：打开（ON）/<左下点> <0，0>:】，用户可回车接受默认值或输入坐标值并确认。

此时命令行提示【右上点 <420，297>:】，用户可回车接受默认值或输入坐标值并确认。

命令行提示中的"打开（ON）"代表打开边界检验功能，此时只能在指定范围内绘图，当绘制图形超出范围时，系统拒绝执行，并在命令行提示【超出图形界限】。

命令行提示中的"关闭（OFF）"代表关闭边界检验功能，此时绘制图形不受指定范围限制。由于边界检验是检查点坐标的输入值是否超限，所以当绘制不需要输入点坐标的图形时，系统不会拒绝，将仍旧执行命令。比如绘制圆，当超出范围时仍旧能绘制出来，但是圆的一部分位于图形界限之外。

1. 2. 6　绘图辅助工具

为提高绘图精度和效率，CAD 提供了对象捕捉、对象选择、图形缩放等多种绘图辅助工具。

1. 对象捕捉（Osnap）

绘图中经常要指定某点，而这个点恰好是已有图形上的端点、圆心或交点等，这时如果只是仅凭用户的观察来确认该点，无论怎样小心，都不可能非常精确地找到这个点。为此，CAD 提供了对象捕捉功能，可以帮助用户准确地捕捉图形上某些特殊点（如端点、圆心、交点等），以便精确地绘制图形。

◆ 鼠标左键单击下拉菜单栏【工具】，选择点击【草图设置】。

◆ 或者在命令行提示【命令:】栏输入：Osnap，并确认。

◆ 或者光标移动到状态栏的【对象捕捉】图标按钮，鼠标右键单击，在弹出的对话框中选择点击【设置】。

命令输入后，系统将弹出"草图设置"对话框，选择【对象捕捉】按钮，如图 1-20 所示。系统提供了端点、中点、圆心等 13 种对象捕捉模式。选择所需的一种或多种捕捉模式，绘图时可实现特殊点的捕捉。

绘图中，如果临时需要增加一种对象捕捉模式，也可以左手按住 Shift 键，右手点击鼠标右键，或者打开"对象捕捉"工具栏（图 1-21），系统都将显示 17 种对象捕捉模式，使用时直接单击所需的一种捕捉模式，但该捕捉功能仅一次有效。

2. 对象选择

图形编辑时需要先选择编辑的对象，然后再进行编辑。

选择对象的常用方法：①通过单击对象逐个选取；②从左到右拉矩形窗口，即 W 窗口（内部窗口），外边框为细实线，W 窗口只有全部在选择窗口之内的对象才能被选中；

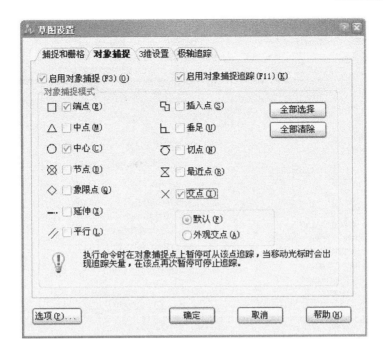

图 1-20 "草图设置"对话框

图 1-21 "对象捕捉"工具栏

③从右到左拉矩形窗口，即 C 窗口（交叉窗口），外边框为细虚线，C 窗口选中的不仅有窗口内的对象，还包括所有与窗口边界相交的对象，这是效率最高的选择方法。

用户选择对象后，所有被选中的对象轮廓线都变成虚线，非常醒目，方便用户辨识。被选中的对象通常称为选择集。

鼠标左键单击下拉菜单栏【工具】，选择点击【选项】，系统将弹出"选项"对话框，点击【选择】按钮，如图 1-22 所示。用户可以根据需要对图形目标的选择模式等进行设置。

对话框中常用选项说明如下：

【先选择后执行】：用来设置选择对象和执行编辑命令这两个操作的先后顺序。如选中此项，则可以先选择编辑对象，再执行编辑命令，也可以先执行编辑命令，再进行对象选择。否则，只能先执行编辑命令，再选择对象。

【用 shift 键添加到选择集】：如选中此项，则选中一个对象后，再次选择对象时必须按住 shift 键，否则前面选中的对象都将取消。

【按住并拖动】：如选中此项，则必须按住鼠标左键，采用拖动的方式才能拉出矩形窗口。

【隐含窗口】：如选中此项，系统除了单击对象逐个选取方式外，同时也默认窗口选取方式：即 W 窗口（内部窗口）和 C 窗口（交叉窗口）。否则，在命令行提示【选择对象：】时，必须输入 W 或 C 才能用窗口方式选择对象。

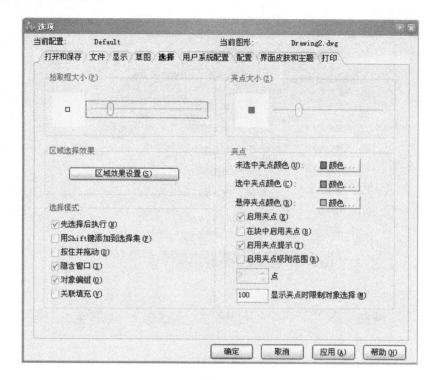

图 1-22 "选项"对话框

【对象编组】：如选中此项，当选中某个对象组中的一个对象时，将会选中这个对象组中的所有对象。

【关联填充】：如选中此项，当选中填充图案时，也选中填充图案时的边界线。

【夹点】：当先选择对象，再执行编辑命令时，选中的对象上会出现称为夹点的小方块。夹点显示对象的关键点，夹点的位置取决于选择的对象类型。比如直线的夹点出现在直线的端点和中点，圆的夹点出现在四分之一点和中心点。

注：用户在选择对象时可能会误操作，一不小心把不需要选择的对象也一起选取了，这时不必放弃本次操作，继续选择对象直到全部选中，然后在命令行提示【选择对象：】栏输入：R，并确认；此时命令行提示【删除对象：】，就可以选取需要删除的对象，选中的对象轮廓线由虚线变成实线，表示已经不再被选中了。

3. 视图缩放（Zoom）

绘制和编辑图形时都是在屏幕视窗的可见绘图区内进行的。由于屏幕视窗大小受限，绘制图形或大或小，往往无法在视窗内看清楚图形。为此，CAD 提供了视图缩放这一显示控制命令。视图缩放只是改变图形的显示效果，即视觉效果，并不改变图形的实际大小和位置。

启动视图缩放（Zoom）命令有以下三种方式：

（1）下拉菜单栏方式

鼠标左键单击下拉菜单栏【视图】，选择点击【缩放】，将出现 10 个下级选项（图1-23），下面分别介绍。

1）【实时缩放（R）】：屏幕光标变成放大镜形状，按住鼠标左键向屏幕上方移动光标，图形放大，向下移动光标，图形缩小。按 Esc 键或回车键退出视图缩放命令。

在实时缩放状态下，单击鼠标右键会弹出一个实时缩放快捷菜单（图 1-24）。在该菜单中，可单击退出命令，或执行图形的缩放、平移命令等。

图 1-23　"视图缩放"选项　　　　图 1-24　"实时缩放平移"快捷菜单

2)【上一个（P)】：恢复上一次显示的视图。

3)【窗口（W)】：拉矩形窗口，将窗口内选择的图形充满当前视窗。

4)【动态（D)】：临时将全部图形显示出来，以动态方式在屏幕上建立窗口，此时屏幕上出现 3 个视图框：蓝色虚线框、绿色虚线框、白色实线框。

蓝色虚线框（图纸的范围），表示图纸的边界或者图形实际占据的区域。

绿色虚线框（当前屏幕区），表示上一次在屏幕上显示的图形区域相对于整个作图区域的位置。

白色实线框（选取窗口），中间有"×"标记，该框的大小和位置是可变的，可以通过操作选取合适的图形显示大小和位置。

5)【中心点（C)】：鼠标在绘图区选择一点为中心点，然后按照指定的比例因子或指定的高度值显示图形。

6)【放大】：将当前图形显示放大一倍后显示。

7)【缩小】：将当前图形显示缩小一倍后显示。

8)【全部】（A)：按照图形界限或图形范围的尺寸显示图形。

9)【范围】（E)：将当前图形文件中的全部图形最大限度地充满当前视窗。

10)【实时平移】（T)：选择此项，屏幕上出现一个手形符号，拖动鼠标，可将图形跟着鼠标拖动方向移动显示。按 Esc 键或回车键退出平移命令。

（2）标准工具栏方式

在"标准"工具栏中，有 3 个视图缩放按钮（图 1-25），从左到右分别为"实时缩放"、"窗口缩放"、"缩放上一个"。

"实时缩放"、"缩放上一个"分别与前面下拉菜单选项中介绍的【实时（R)】命令和【上一个（P)】命令相同。

图 1-25　"视图缩放"
按钮

"窗口缩放"按钮是个嵌套按钮，将光标移到该按钮上并按住鼠标左键，将出现一组下拉图标按钮，共8个，自上而下依次为：窗口缩放、动态缩放、比例缩放、中心缩放、放大、缩小、全部缩放、范围缩放。标准工具栏中的命令与下拉菜单栏中的命令功能基本相同，此处不再重复介绍。

（3）命令行输入方式

在命令行提示【命令：】栏输入：Zoom或Z，确认后，命令行将出现一行提示为：【放大(I)/缩小(O)/全部(A)/动态(D)/中心(C)/范围(E)/左边(L)/前次(P)/右边(R)/窗口(W)/对象(OB)/比例(S)/<实时>：】，共有13个选项，其中"实时"为默认选项。这些选项对应的命令功能与下拉菜单中的命令基本相同，此处也不再重复介绍。

注：（1）视图缩放的功能选项很多，但最常用的是三个功能：将当前全部图形最大限度地充满当前视窗；放大；缩小。为此系统提供了比下拉菜单、工具栏、命令行输入更为便捷的操作方式：1）双击鼠标滚轮即可将当前图形充满视窗。2）保持鼠标不动，用手指向下滚动滚轮，可将视图以当前鼠标的位置为中心进行缩小。3）保持鼠标不动，用手指向上滚动滚轮，可将视图以当前鼠标的位置为中心进行放大。

（2）初学者需要注意的是，有时发现滚轮向下滚动好几圈，图形缩小效果还是不明显，或者系统提示"已无法进一步缩小"，那是因为图形相对当前视窗实在太大了。此时最简单的办法就是先双击鼠标滚轮，将图形充满视窗显示，然后再进行视图缩放。

4. 实时平移（Pan）

实时平移就是在不改变缩放系数的情况下，上下左右移动图纸以便观察。实时平移与视图缩放一样，都只是改变图形的显示效果，即视觉效果，并不改变图形的实际位置。

启动实时平移（Pan）命令有以下三种方式：

（1）下拉菜单栏方式

鼠标左键单击下拉菜单栏【视图】，选择点击【缩放】，将出现10个下级选项，详见图1-23所示，选择最后一项【实时平移】，操作功能前面已经介绍，此处不再重复。

图1-26　"实时平移"按钮

（2）标准工具栏方式

在"标准"工具栏中，选择实时平移按钮（图1-26）。

（3）命令行输入方式

在命令行提示【命令：】栏输入：Pan或P，确认。

注：按住鼠标滚轮，也可进行实时平移。

1.3　基　本　命　令

1.3.1　命令启动

1. 启动方式

绘制图形和编辑修改图形时应先输入相应的命令，命令的启动通常有三种方式：下拉菜单栏、工具栏、命令行输入。比如绘制直线可采用以下三种方式：

◆　在下拉菜单栏中选择。鼠标左键单击【绘图】，选择【直线】，即可执行绘制直线命令。

◆ 选择"绘图"工具栏（图 1-27）上的图标按钮。鼠标左键单击"直线"图标按钮，同样可以执行绘制直线命令。

◆ 在命令行直接输入，输入：Line，同样可以执行绘制直线命令。

三种输入方式中，我们提倡采用在命令行直接输入的方式，充分利用左手，养成左手键盘、右手鼠标的操作习惯，可以提高操作效率。

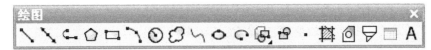

图 1-27　"绘图"工具栏

2. 简化命令

在命令行输入命令的全名比较麻烦，CAD 为常用命令提供了更为快捷的简化命令，可大大提高操作速度。比如绘制直线（Line）的简化命令为 L，绘制圆（Circle）的简化命令为 C 等。用户在操作时只需输入一个字符或两个字符即可激活相应的命令。

CAD 提供的常用简化命令还有很多，这里不再逐一列举，用户可以在 CAD 安装的文件夹下搜索一个文件 acad.pgp，打开这个文件就可以看到所有的简化命令。另外，用户也可以根据自己的操作习惯来设置简化命令，只要在文件中直接修改，保存退出后再重新打开 CAD 就可以使用了。

1.3.2　删除命令（Erase）和删除恢复命令（Oops）

1. 删除命令（Erase）

我们在介绍绘图命令前先熟悉一下几个常用命令，都是在绘图过程中难免要用到的。比如用户在绘图过程中经常会删除一些不需要的图形，这时采用删除命令（Erase）就可以用来删除选取的对象。具体操作步骤为：

第 1 步：◆ 鼠标左键单击下拉菜单栏【修改】，选择点击【删除】。

◆ 或者在"修改"工具栏点击"删除"按钮（图 1-28）。

◆ 或者在命令行提示【命令:】栏输入：Erase 或 E，并　图 1-28　"删除"
确认。　　　　　　　　　　　　　　　　　　　　　　　按钮

第 2 步：此时命令行提示【选择对象:】，用户连续选取须要删除的对象，按【空格】键退出。删除命令完成。

删除命令（Erase）的简化命令就是一个 E，左手点按键盘字母【E】，左手大拇指点按【空格】即可执行该命令，非常方便，建议采用这个操作方式。

2. 删除恢复命令（Oops）

如果删除完毕发现删错了，可以用删除恢复命令（Oops）恢复删除对象，但只能恢复最后一次的删除对象。在命令行提示【命令:】栏输入：Oops，并确认，即可执行此操作。

1.3.3　放弃命令（U）、多重放弃命令（Undo）和重做命令（Redo）

我们在绘图前还有两个必须学会的常用命令：放弃命令（U）和重做命令（Redo），另外还有一个多重放弃命令（Undo）虽然不太使用，但是在这里与放弃命令（U）一起

做个介绍比较一下，以免混为一谈。

图 1-29　"放弃"
　　　按钮

1. 放弃命令（U）

放弃命令（U）可以取消上一次命令，并在命令行显示取消的命令名称。操作方式为：

◆ 鼠标左键单击下拉菜单栏【编辑】，选择点击【放弃】。

◆ 或者在"标准"工具栏点击"放弃"按钮（图 1-29）。

◆ 或者在命令行提示【命令：】栏输入：U，并确认。

放弃命令（U）可重复执行，依次向前取消所有的命令操作，直到系统提示【已放弃所有操作】。

2. 多重放弃命令（Undo）

多重放弃命令（Undo）可以一次性取消 n 个已完成的命令操作。具体操作步骤为：

第 1 步：命令行提示【命令：】栏输入：Undo，并确认。

第 2 步：命令行出现两行提示，第一行【当前设置：自动＝开，控制＝全部，合并＝是】，第二行【输入要放弃的操作数目或［自动（A）/控制（C）/开始（BE）/结束（E）/标记（M）/后退（B）］＜1＞：】，用户输入放弃操作数目或选其他项，其他各项说明如下：

（1）自动（A）：自动状态，可设置是否将上一次菜单选择项操作作为一个命令。

（2）控制（C）：该选项可关闭 Undo 命令或将其限制为只能一个步骤或一个命令。

（3）开始（BE）和结束（E）：这两个选项结合使用，可将多个命令设置为一个命令组，Undo 命令将这个命令组视为一个命令来处理。BE 选项标记命令组开始，E 选项标记命令组结束。

（4）标记（M）和后退（B）：这两个选项结合使用，标记（M）可以在命令的输入过程中设置标记；后退（B）向上返回，消除命令操作至标记（M）设置的标记处，并清除标记。

我们实际操作中一般很少用到多重放弃命令（Undo），大家了解一下就可以了。

3. 重做命令（Redo）

在放弃命令（U）和多重放弃命令（Undo）操作后，紧接着使用重做命令（Redo），可以使这两个命令的操作失效。操作方式为：

◆ 鼠标左键单击下拉菜单栏【编辑】，选择点击【重做】。

◆ 或者在"标准"工具栏点击"重做"按钮（图 1-30）。

◆ 或者在命令行提示【命令：】栏输入：Redo，并确认。

图 1-30　"重做"
　　　按钮

重做命令（Redo）可重复执行，依次向前取消所有的放弃命令（U）和多重放弃命令（Undo）操作，直到系统提示【所有操作都已重做】。

1.3.4　视图重画命令（Redraw）和图形重生成命令（Regen）

1. 视图重画命令（Redraw）

在绘图区经常会出现一些杂乱无用的显示点，主要是在绘图操作过程中留下的标识拾取点的点标记，虽然这些标记都是临时标记，事实上图形文件中并不存在，但是操作时有碍观感。视图重画命令（Redraw）可以删除这些内容，刷新当前视图。操作方式为：

◆ 鼠标左键单击下拉菜单栏【视图】，选择点击【重画】。

◆ 或者在命令行提示【命令：】栏输入：Redraw 或 R，并确认。

2. 图形重生成命令（Regen）

图形重生成命令（Regen）不仅可以刷新当前视图，而且重新计算所有对象的屏幕坐标并重新生成整个图形。操作方式为：

◆ 鼠标左键单击下拉菜单栏【视图】，选择点击【重生成】。

◆ 或者在命令行提示【命令：】栏输入：Regen 或 Re，并确认。

用户在绘图和编辑过程中，如果要刷新当前图形显示，可选用视图重画命令（Redraw）或者图形重生成命令（Regen）。由于图形重生成命令（Regen）重生成复杂的图形需要花很长时间，所有一般情况下我们都采用视图重画命令（Redraw），只要在命令行输入：R，并确认，就可以快速刷新视图，非常便捷。

1.3.5　绘制点（Point）

1. 功能

点（Point）命令可以绘制单个点或多个点。

2. 操作步骤

（1）绘制单个点

第 1 步：◆ 鼠标左键单击下拉菜单栏【绘图】，移动光标到【点】，再选择点击【单点】。

◆ 或者在命令行提示【命令：】栏输入：Point 或 Po，并按【空格】键确认。

第 2 步：◆ 此时命令行提示【指定点：】，用鼠标左键在绘图区点击点绘制的位置，绘图区的该位置即出现一个点。

◆ 或者在命令行提示【指定点：】栏输入点的二维坐标，并按【空格】键确认。

（2）绘制多个点

第 1 步：◆ 鼠标左键单击下拉菜单栏【绘图】，移动光标到【点】，再选择点击【多点】。

◆ 或者在"绘图"工具栏点击"点"按钮（图 1-31）。

图 1-31　"点"按钮

第 2 步：◆ 此时命令行提示【指定点：】，用鼠标左键在绘图区连续点击点绘制的位置，绘图区的上述位置即连续出现多个点，完毕后按【ESC】键退出。

◆ 或者在命令行提示【指定点：】栏输入第一个点的二维坐标，确认后，连续分栏输入其余点的二维坐标，完毕后按【ESC】键退出。

3. 相关链接

CAD 提供了多种形式的点，用户可以根据需要选择点的形式，具体操作步骤如下：

第 1 步：◆ 鼠标左键单击下拉菜单栏【格式】，移动光标到【点样式】并用鼠标左键点击。

◆ 或者在命令行提示【命令：】栏输入：Ddptype，并确认。

第 2 步：此时屏幕上弹出"点样式"对话框（图 1-32）。在该对话框中，用户可以选

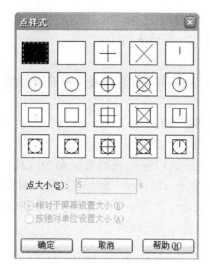

图 1-32　"点样式"对话框

择自己需要的点样式,并在"点大小"编辑框内输入数值调整点的大小。该对话框下方的两个选项"相对于屏幕设置大小"和"按绝对单位设置大小"分别表示以相对尺寸和绝对尺寸设置点的大小。

绘制点在我们实际绘图中并没有多少实际意义,但点是绘图中的重要辅助工具,尤其是在命令【定数等分】和【定距等分】的应用中,这两个命令的作用相当于手工绘图的分规工具,可对图形对象进行定数等分或定距等分。鼠标左键单击下拉菜单栏【绘图】,移动光标到【点】,再选择下级选项中的【定数等分】或【定距等分】,就可以执行该命令。用户可以在后面的绘图操作中自行学习使用。

1.3.6　绘制直线 (Line)

1. 功能

直线 (Line) 命令可以绘制二维直线,该命令可以一次画一条直线,也可以连续画多条直线,各直线是彼此独立实体。直线的起点和终点通过鼠标或键盘确定。

直线 (Line) 命令是 CAD 中使用最频繁的命令,也是最基础的绘图命令。

2. 操作步骤

第 1 步: ◆ 鼠标左键单击下拉菜单栏【绘图】,选择点击【直线】。

图 1-33　"直线"按钮

◆ 或者在"绘图"工具栏点击"直线"按钮(图 1-33)。

◆ 或者在命令行提示【命令:】栏输入:Line 或 L,并确认。

第 2 步: ◆ 此时命令行提示【线的起始点:】,用鼠标左键在绘图区点击直线第一点绘制的位置,确定直线起点,此时移动鼠标,会出现一条橡皮筋线,从起点连到光标位置。橡皮筋有助于看清要画的线及其位置,光标移动过程中始终连着橡皮筋,直到选下一点或终止绘制直线命令。

◆ 或者在命令行提示【线的起始点:】栏输入起点的二维坐标,并确认。

第 3 步: ◆ 此时命令行提示【角度(A)/长度(L)/指定下一点:】,用鼠标左键在绘图区点击直线终点绘制的位置,绘图区即出现一条直线。

◆ 或者在命令行提示【角度(A)/长度(L)/指定下一点:】下输入:终点的二维坐标,并确认。

第 4 步: 此时命令行提示【角度(A)/长度(L)/跟踪(F)/撤消(U)/指定下一点:】,如继续绘制与第一条直线相连的直线,则重复第 3 步操作,否则按【空格】键退出。

第 5 步: 此时命令行提示【命令:】,如需继续绘制独立的第二条直线,再按【空格】键,此时命令行提示【回车使用上一次点/跟踪(F)/<线的起始点>:】,重复第 2 步起的操作。全部直线绘制完毕,按【空格】键退出。

下面分别说明各选项的含义。

（1）【角度（A）】：直线段与当前坐标的 X 轴之间角度。

（2）【长度（L）】：直线段两个点之间的距离。

（3）【跟踪（F）】：跟踪最近绘制的直线方向，沿着这个方向继续绘制直线。

（4）【撤销（U）】：撤销最近绘制的一条直线段，重新指定直线段的终点。多次在该提示下输入：U，则会删除多条相应的直线，一直后退到起始第一点。

3. 操作示例

示例 1：用直线（Line）命令，并结合相对坐标输入法

绘制边长为 6000 的正方形，如图 1-34 所示。

图 1-34　用 L 命令
绘制正方形

第 1 步：在命令行提示【命令：】栏输入：L，并确认。

第 2 步：命令行提示【线的起始点：】，在绘图区任意选取一点鼠标左键单击。

第 3 步：命令行提示【角度（A）/长度（L）指定下一点：】下输入：@6000，0，并确认。

第 4 步：命令行提示【角度（A）/长度（L）/跟踪（F）/撤消（U）/指定下一点：】下输入：@0，6000，并确认。

第 5 步：命令行提示【角度（A）/长度（L）/跟踪（F）/闭合（C）/撤消（U）/指定下一点：】下输入：@-6000，0，并确认。

第 6 步：命令行提示【角度（A）/长度（L）/跟踪（F）/闭合（C）/撤消（U）/指定下一点：】下输入：C。绘制完毕。

注：（1）操作完毕如遇到当前视窗不能显示全部图形，且采用滚轮缩小失效时，双击滚轮即可将图形充满当前视窗，此时再滚动滚轮可进行视图缩放或平移。

（2）对于初学者来说，为了避免图形跑到视图区外造成绘图不便，也可以在绘图前先设置图形界限。设置图形界限的尺寸应根据绘制图形的大小而确定，图形界限应大于绘制图形的尺寸。本单元绘图前根据单元 2 中的图形尺寸，可预先设置图形界限大小为 80000mm×60000mm。具体操作可参考单元 1.2.5 和单元 2.3.1。

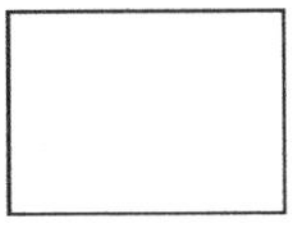

图 1-35　用 L 命令绘制
A3 图幅

示例 2：用直线（Line）命令，并结合极坐标输入法绘制 A3 图纸的图幅，如图 1-35 所示，图框的左下角点定位为原点处。

第 1 步：在命令行提示【命令：】栏输入：L，并确认。

第 2 步：命令行提示【线的起始点：】下输入：0，0，并确认。

第 3 步：命令行提示【角度（A）/长度（L）指定下一点：】下输入：@420<0，并确认。

第 4 步：命令行提示【角度（A）/长度（L）/跟踪（F）/撤消（U）/指定下一点：】下输入：@297<90，并确认。

第 5 步：命令行提示【角度（A）/长度（L）/跟踪（F）/闭合（C）/撤消（U）/指定下一点：】下输入：@420<180，并确认。

第 6 步：命令行提示【角度（A）/长度（L）/跟踪（F）/闭合（C）/撤消（U）/指定下一点：】下输入：C。绘制完毕。

注：根据国家制图标准，A3 图纸的图幅标准尺寸为 420mm×297mm。

4. 相关链接

（1）绘制直线时，当确定直线起点后，在任何命令行提示下按【空格】键，直线绘制命令都将执行结束。

（2）绘制直线时，当命令行提示【线的起始点：】，直接按【空格】键，则上一次直线命令下绘制的直线终点将作为本次绘制直线的起点。

（3）绘制相连直线时，当输入第三个点以后，将增加一个"闭合（C）"选项，命令行提示【角度(A)/长度(L)/跟踪(F)/闭合(C)/撤消(U)/指定下一点：】下输入：C，表示当前光标点与起点连接，并结束绘制直线命令。

1.3.7 绘制多段线 （Polyline）

1. 功能

多段线（Polyline）命令是CAD中的常用命令，可绘制由若干直线和圆弧连接而成的不同宽度的曲线或折线，并且无论该多段线中含有多少条直线或圆弧，只是一个实体。

2. 操作步骤

第1步： ◆ 鼠标左键单击下拉菜单栏【绘图】，选择点击【多段线】。

◆ 或者在"绘图"工具栏点击"多段线"按钮（图1-36）。

图1-36 "多段线"按钮

◆ 或者在命令行提示【命令：】栏输入：Pline 或 PL，并确认。

第2步： ◆ 此时命令行提示【多段线起点：】，用鼠标左键在绘图区点击直线第一点绘制的位置，确定直线起点。

◆ 或者在命令行提示【多段线起点：】栏输入起点的二维坐标，并确认。

第3步： 此时命令行出现两行提示，第一行【当前线宽：0】，第二行【弧(A)/距离(D)/半宽(H)/宽度(W)/<下一点>：】，第二行提示中选项较多，根据绘图要求来选择。如用鼠标左键在绘图区点击直线终点绘制的位置，则执行程序默认选项，绘图区即出现一条直线。

第4步： 此时命令行提示，【弧(A)/距离(D)/跟踪(F)/半宽(H)/宽度(W)/撤销(U)/<下一点>：】，根据绘图要求来选择，直至多段线绘制完毕。

下面分别说明各选项的含义。

（1）【下一点】：程序默认选项，指定多段线第二点。

（2）【弧（A）】：输入：A，从直线方式改成圆弧方式绘制多段线，此时命令行提示【角度(A)/中心(CE)/闭合(CL)/方向(D)/半宽(H)/线段(L)/半径(R)/第二点(S)/宽度(W)/撤销(U)/<弧终点>：】，此处选项中"半宽(H)"、"宽度(W)"与刚才的同名选项含义相同，在(3)～(6)中说明，其余各选项的说明如下：

1) 弧终点：默认选项，指定一点作为圆弧的终点。

2) 角度（A）：输入 A，指定圆弧的圆心角。

3) 中心（CE）：输入 CE，指定圆心。

4) 方向（D）：输入 D，取消直线与弧的相切关系设置，改变圆弧的起始方向，重定圆弧的起点切线方向。

5）线段(L)：输入 L，从圆弧方式返回直线方式绘制多段线。

6）半径(R)：输入 R，指定圆弧的半径。

7）第二点(S)：输入 S，绘制圆弧为三点画弧方式，指定三点画弧的第二点。

（3）【距离(D)】：输入 D，指定多段线的分段距离。此选项在直线方式下，注意与圆弧方式下的选项方向(D)的区分。

（4）【半宽(H)】：输入 H，指定多段线的半宽值，CAD 将提示输入多段线的起点半宽值与终点半宽值。在绘制多段线的过程中，每一段都可以重新设置半宽值。

（5）【长度(L)】：输入 L，用输入距离的方法绘制下一段多段线。执行该选项时，CAD 会自动按照上一段直线的方向绘制下一段直线；若上一段多段线为圆弧，则按圆弧的切线方向绘制下一段直线。

（6）【放弃(U)】：输入 U，取消上一次绘制的多段线段。该选项可以连续使用。

（7）【宽度(W)】：输入 W，指定多段线的宽度值，CAD 将提示输入多段线的起点宽度值与终点宽度值。在绘制多段线的过程中，每一段都可以重新设置宽度值。

3. 操作示例

示例 1：用多段线（Polyline）命令并结合直接距离输入法绘制箭头，如图 1-37 所示。箭头直线段长度 500，宽度 50，箭头三角形底边长度 150，垂足高度 300。

图 1-37　用 PL 命令
绘制箭头

第 1 步：在命令行提示【命令：】栏输入：PL，并确认。

第 2 步：此时命令行提示【多段线起点：】，用鼠标左键在绘图区点击直线第一点绘制的位置，确定直线起点。

第 3 步：此时命令行窗口出现两行提示，第一行【当前线宽 0】，在第二行提示【弧(A)/距离(D)/半宽(H)/宽度(W)/＜下一点＞：】下输入：W；

命令行提示【起始宽度＜0＞：】，输入：50，并确认；

命令行提示【终止宽度＜50＞：】，直接确认；

命令行提示【弧(A)/距离(D)/半宽(H)/宽度(W)/＜下一点＞：】，按【F8】键，提示＜正交开＞，鼠标移动指定绘制方向向上，输入：500，并确认。

第 4 步：此时命令行提示【弧(A)/距离(D)/跟踪(F)/半宽(H)/宽度(W)/撤销(U)/＜下一点＞：】，输入：W；

命令行提示【起始宽度＜50＞：】，输入：150，并确认；

命令行提示【终止宽度＜150＞：】，输入：0，并确认；

命令行提示【弧(A)/距离(D)/跟踪(F)/半宽(H)/宽度(W)/撤销(U)/＜下一点＞：】，鼠标移动，指定绘制方向向上，输入：300，并确认。箭头绘制完毕，按【空格】键退出。

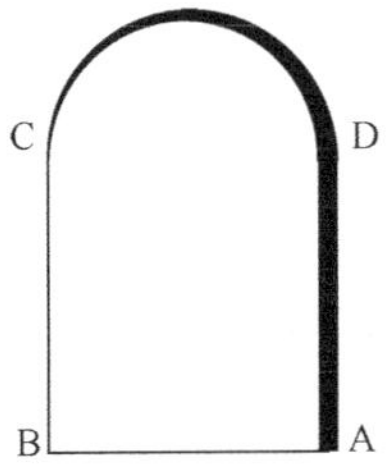

示例 2：用多段线（Polyline）命令绘制拱窗图形，如图 1-38 所示，其中 AB 段长度 1200，宽度为 0，BC 段长度 1200，宽度为 0，CD 段为半圆弧，圆弧直径 1200，起点宽度为 0，端点宽度为 80，DA 段长度 1200，宽度为 80。

图 1-38　用 PL 命令
绘制拱窗图形

第 1 步：在命令行提示【命令：】栏输入：PL，并确认。

第2步：此时命令行提示【多段线起点：】，用鼠标左键在绘图区点击A点绘制的位置，确定直线AB段的起点。

第3步：此时命令行窗口出现两行提示，第一行【当前线宽为0】，第二行提示【弧(A)/距离(D)/半宽(H)/宽度(W)/<下一点>：】，按【F8】键，提示<正交开>，鼠标移动，指定绘制方向向左，输入：1200，并确认，直线AB段形成。

第4步：此时命令行提示【弧(A)/距离(D)/跟踪(F)/半宽(H)/宽度(W)/撤销(U)/<下一点>：】，鼠标移动，指定绘制方向向上，输入：1200，并确认，直线BC段形成。

第5步：此时命令行提示【弧(A)/闭合(C)/距离(D)/跟踪(F)/半宽(H)/宽度(W)/撤销(U)/<下一点>：】，输入：A，并确认，从直线方式改成圆弧方式绘制多段线；

命令行提示【角度(A)/中心(CE)/闭合(CL)/方向(D)/半宽(H)/线段(L)/半径(R)/第二点(S)/宽度(W)/撤销(U)/<弧终点>：】，输入：W，并确认；命令行提示【起始宽度<0>：】，直接确认；

命令行提示【终止宽度<0>：】，输入：80，并确认；

命令行提示【角度(A)/中心(CE)/闭合(CL)/方向(D)/半宽(H)/线段(L)/半径(R)/第二点(S)/宽度(W)/撤销(U)/<弧终点>：】，鼠标移动，指定绘制方向向右，输入：1200，并确认，半圆弧线CD段形成。

第6步：此时命令行提示【角度(A)/中心(CE)/闭合(CL)/方向(D)/半宽(H)/线段(L)/半径(R)/第二点(S)/宽度(W)/撤销(U)/<弧终点>：】，输入：L，并确认，从圆弧方式改为直线方式；

命令行提示【弧(A)/闭合(C)/距离(D)/跟踪(F)/半宽(H)/宽度(W)/撤销(U)/<下一点>：】，输入：C，并确认，直线DA段形成。拱窗图形绘制完毕，按【空格】键退出。

示例3：用多段线(Polyline)命令绘制总平面图中的新建建筑物，如图1-39所示，新建建筑物平面为矩形，长度32m，宽度10m，粗实线绘制。总平面图出图比例为1：500。

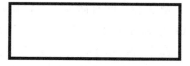

图1-39　用PL命令绘制新建建筑物

第1步：在命令行提示【命令：】栏输入：PL，并确认。

第2步：此时命令行提示【多段线起点：】，鼠标左键单击，在绘图区确定起点绘制位置。

第3步：此时命令行窗口出现两行提示，第一行【当前线宽为0】，在第二行提示【弧(A)/距离(D)/半宽(H)/宽度(W)/<下一点>：】下输入：W；

命令行提示【起始宽度<0>：】，输入：250，并确认；

命令行提示【终止宽度<250>：】，直接确认；

命令行提示【弧(A)/距离(D)/跟踪(F)/半宽(H)/宽度(W)/<下一点>：】，按【F8】键，提示<正交开>，鼠标移动，指定绘制方向向右，输入：32000，并确认。

第4步：此时命令行提示【弧(A)/距离(D)/跟踪(F)/半宽(H)/宽度(W)/撤销(U)/<下一点>：】，鼠标移动，指定绘制方向向上，输入：10000，并确认。

第5步：此时命令行提示【弧(A)/闭合(C)/距离(D)/跟踪(F)/半宽(H)/宽度(W)/撤销(U)/<下一点>：】，鼠标移动，指定绘制方向向左，输入：32000，并确认。

第 6 步：此时命令行提示【弧(A)/闭合(C)/距离(D)/跟踪(F)/半宽(H)/宽度(W)/撤销(U)/＜下一点＞；】，输入：C，并确认。绘制完毕，按【空格】键退出。

注：（1）根据《建筑制图标准》GB/T50104—2010，图线的宽度应根据图样的复杂程度和比例，并按现行国家标准《房屋建筑制图统一标准》GB/T 50001—2010 的有关规定选用，绘制简单的图样时可采用两种线宽的线宽组，其线宽比宜为 b：0.25b。一般情况我们绘图选择粗、细两种图线，粗线线宽为 0.5mm，细线线宽为 0.25mm。初学者用 CAD 绘图时，通常细线用 Line 绘制，粗线用 Pline 绘制。

（2）手工绘图时，绘图比例与出图比例是相同的，但是 CAD 绘图时，这两个比例并不一定相同。以示例 3 为例，总平面图出图比例为 1：500，新建建筑物平面为 32m×10m 的矩形。手工绘制时将实际尺寸缩小 500 倍，绘制矩形尺寸为 64mm×20mm。而 CAD 绘图时，通常为避免换算比例的麻烦，绘图比例都采用 1：1，按照实际尺寸绘制，矩形尺寸为 32000mm×10000mm。

（3）手工绘图时，绘制的粗线线宽为 0.5mm。CAD 绘图时，由于绘图比例和出图比例不一定相同，线宽必须根据二者关系进行换算。以示例 3 为例，绘图比例 1：1，出图比例 1：500，则线宽设置时为 0.5mm×500＝250mm。

（4）图纸全部绘制完成后，打印出图时我们设置出图比例为 1：500，这样在 CAD 中绘制的矩形 32000mm×10000mm，线宽 250mm，打印出图时都将缩小 500 倍，成为 64mm×20mm，线宽 0.5mm，与手工绘图效果相同。

（5）在 CAD 绘图过程中，我们对工程中的实物尺寸，都可以直接按照实际尺寸 1：1 绘制，但是对于图纸中由于制图标准要求而添加的内容，比如线宽、文字、索引符号等的大小，我们在绘图时，必须根据绘图比例和出图比例的关系进行调整。

4. 相关链接

（1）绘制多段线时，系统默认的线宽值为 0，多段线中每段线的宽度可以不同，可分别设置，而且每段线的起点和终点的宽度也可以不同。多段线起点宽度以上一次输入值为默认值，而终点宽度值则以起点宽度为默认值。

（2）在指定多段线的第二点之后，还将增加一个【闭合（C）】选项，此时用于结束多段线命令；当在指定多段线的第三点之后，该选项用于在当前位置到多段线起点之间绘制一条直线段以闭合多段线，并结束多段线命令。

（3）多段线的宽度大于 0 时，要绘制一条闭合的多段线，必须键入闭合选项，才能使其完全封闭，否则，起点与终点重合处会出现缺口。

（4）多段线由彼此首尾相连、不同宽度的直线段或弧线组成，但都是一个实体，作为单一对象使用。采用多段线编辑（Pedit）命令，可编辑多段线及其组成单元；采用分解（Explode）命令可以将多段线变成若干单独的线或圆弧。这些命令在单元 2 中详细介绍。

（5）我们后面用矩形（Rectang）、正多边形（Polygon）、圆环（Donut）等命令绘制的矩形、正多边形和圆环等均属于多段线对象。

1.3.8　绘制矩形（Rectang）

1. 功能

矩形（Rectang）命令除了绘制常规的矩形之外，还可以绘倒角或圆角的矩形。

2. 操作步骤

第1步： ◆ 鼠标左键单击下拉菜单栏【绘图】，移动光标到【矩形】。

　　　　◆ 或者在"绘图"工具栏点击"矩形"按钮（图1-40）。

图1-40　"矩形"按钮

　　　　◆ 或者在命令行提示【命令：】栏输入：Rectang 或 REC，并确认。

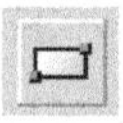

第2步： ◆ 此时命令行提示【倒角（C）/标高（E）/圆角（F）/厚度（T）/宽度（W）/<选取方形的第一点>：】，提示选项中【选取方形的第一点】为默认选项，此时直接用鼠标左键在绘图区点击角点绘制的位置，就可确认矩形的第一个角点。

　　　　◆ 或者在命令行提示【倒角（C）/标高（E）/圆角（F）/厚度（T）/宽度（W）/<选取方形的第一点>：】栏输入角点的二维坐标，并确认。

提示中还有其他选项，可根据绘图要求来选择，输入括号内字母进行相应的操作，下面分别说明各选项的含义。

（1）【倒角（C）】：设置矩形四角为倒角模式，并确定倒角大小。

（2）【标高（E）】：设置三维矩形在三维空间内的基面高度。

（3）【圆角（F）】：设置矩形四角为圆角，并确定半径大小。

（4）【厚度（T）】：设置三维矩形的厚度，即 Z 轴方向的高度。

（5）【宽度（W）】：设置绘制矩形的线条宽度。

第3步： 此时命令行提示【指定另一个角点或［面积（A）/尺寸（D）/旋转（R）］：】，提示选项的各项操作如下：

（1）【指定另一个角点】为默认选项。

　　◆ 此时直接用鼠标左键在绘图区点击矩形另一个角点绘制的位置，绘图区即出现一个矩形，矩形绘制完毕。

　　◆ 或者在命令行提示【指定另一个角点或［面积（A）/尺寸（D）/旋转（R）］：】栏输入另一个角点的二维坐标，并确认。

（2）【面积（A）】：输入矩形面积选项。后续提示依次为：

【输入以当前单位计算的矩形面积 <100.0000>：】，输入面积数值，并确认；

【计算矩形标注时依据［长度（L）/宽度（W）］<长度>：】，输入 L 或 W，并确认；

【输入矩形长度 <10.0000>：】或【输入矩形宽度<10.0000>：】，输入数值，并确认矩形绘制完成。

（3）【尺寸（D）】：输入矩形长度和宽度尺寸的选项。后续提示依次为：

【指定矩形的长度 <10.0000>：】，输入数值，并确认；

【指定矩形的宽度 <10.0000>：】；输入数值，并确认；

【指定另一个角点或［面积（A）/尺寸（D）/旋转（R）］：】，指定另一个角点，矩形绘制完成。如选择其他选项，则取消刚才操作，重新开始绘制矩形。

（4）【旋转（R）】：输入矩形旋转角度选项。后续提示依次为：

【指定旋转角度或［拾取点（P）］<0>：】，输入数值，或通过拾取点确定旋转角度；

【指定另一个角点或［面积（A）/尺寸（D）/旋转（R）］：】，确定另一个角点，矩形绘制完成。

3. 操作示例

示例 1：用矩形（Rectang）命令绘制直角矩形，如图 1-41 所示，长度 2000，宽度 1000。

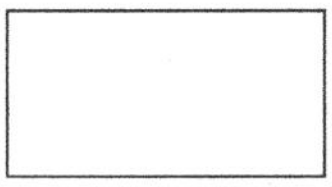

图 1-41　用矩形命令绘制直角矩形

第 1 步：在命令行提示【命令：】栏输入：REC，并确认。

第 2 步：此时命令行提示【倒角(C)/标高(E)/圆角(F)/厚度(T)/宽度(W)/＜选取方形的第一点＞:】，用鼠标左键在绘图区点击矩形第一个角点绘制的位置。

第 3 步：此时命令行提示【指定另一个角点或［面积(A)/尺寸(D)/旋转(R)］:】，输入：@2000，1000，并确认。绘制完毕。

示例 2：用矩形（Rectang）命令绘制倒角矩形，如图 1-42 所示，长度 2000，宽度 1000，倒角距离均为 200。

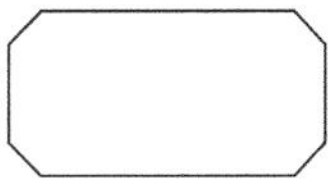

图 1-42　用矩形命令绘制倒角矩形

第 1 步：在命令行提示【命令：】栏输入：REC，并确认。

第 2 步：此时命令行提示【倒角(C)/标高(E)/圆角(F)/厚度(T)/宽度(W)/＜选取方形的第一点＞:】，输入：C，并确认。

第 3 步：此时命令行提示【缺省(D)/所有方形第一倒角距离(F)＜0＞:】，输入：200，并确认。

第 4 步：此时命令行提示【所有长方形第二倒角距离(S)＜200＞:】，输入：200，并确认。

第 5 步：此时命令行提示【倒角(C)/标高(E)/圆角(F)/厚度(T)/宽度(W)/＜选取方形的第一点＞:】，用鼠标左键在绘图区点击矩形第一个角点绘制的位置。

第 6 步：此时命令行提示【指定另一个角点或［面积(A)/尺寸(D)/旋转(R)］:】，输入：@2000，1000，并确认。绘制完毕。

图 1-43　用矩形命令绘制圆角矩形

示例 3：用矩形（Rectang）命令绘制圆角矩形，如图 1-43 所示，长度 2000，宽度 1000，圆角半径为 200。

第 1 步：在命令行提示【命令：】栏输入：REC，并确认。

第 2 步：此时命令行提示【倒角(C)/标高(E)/圆角(F)/厚度(T)/宽度(W)/＜选取方形的第一点＞:】，输入：F，并确认。

第 3 步：此时命令行提示【所有方形圆角距离(F)＜0＞:】，输入：200，并确认。

第 4 步：此时命令行提示【倒角(C)/标高(E)/圆角(F)/厚度(T)/宽度(W)/＜选取方形的第一点＞:】，用鼠标左键在绘图区点击矩形第一个角点绘制的位置。

第 5 步：此时命令行提示【指定另一个角点或［面积(A)/尺寸(D)/旋转(R)］:】，输入：@2000，1000，并确认。绘制完毕。

示例 4：用矩形（Rectang）命令绘制线宽 50 的直角矩形，如图 1-44 所示，长度 2000，宽度 1000。

第 1 步：在命令行提示【命令：】栏输入：REC，并确认。

第 2 步：此时命令行提示【倒角（C）/标高（E）/圆角（F）/厚度（T）/宽度（W）/＜选取方形的第一点＞:】，输入：W，并确认。

图 1-44　用矩形命令绘制线宽 50 的直角矩形

第 3 步：此时命令行提示【所有方形宽度：】，输入：50，并确认。

第 4 步：此时命令行提示【倒角(C)/标高(E)/圆角(F)/厚度(T)/宽度(W)/＜选取方形的第一点＞：】，用鼠标左键在绘图区点击矩形第一个角点绘制的位置。

第 5 步：此时命令行提示【指定另一个角点或［面积(A)/尺寸(D)/旋转(R)］：】，输入：@2000，1000，并确认。绘制完毕。

提示：如果画完示例 3 的圆角矩形，再画示例 4 的线宽 50 的矩形，圆角默认值为 200，绘出来的矩形为圆角矩形，需要对圆角默认值进行设置，修改为 0。

4. 相关链接

用矩形(Rectang)命令绘制的矩形可采用多段线编辑(Pedit)命令进行编辑。但是矩形作为一个实体，实际上只是一条多段线，其四条边是不能分别编辑的，可以采用分解(Explode)命令使之分解成若干单独的线。

用多段线(Polyline)、矩形(Rectang)、正多边形(Polygon)命令绘制的封闭图形与直线(Line)命令绘制的封闭图形还有一个区别是，这类多段线形成的封闭图形可以在三维空间中进行实体拉伸。

1.3.9　绘制正多边形(Polygon)

1. 功能

正多边形(Polygon)命令可以绘制 3～1024 条边组成的正多边形。

2. 操作步骤

绘制正多边形有三种方式，分别为边长方式绘制、外切圆方式绘制、内接圆方式绘制，下面分别介绍。

(1) 边长方式绘制正多边形

第 1 步：◆ 鼠标左键单击下拉菜单栏【绘图】，移动光标到【正多边形】。

图 1-45　"正多边形"按钮

◆ 或者在"绘图"工具栏点击"正多边形"按钮(图 1-45)。

◆ 或者在命令行提示【命令：】栏输入：Polygon 或 POL，并确认。

第 2 步：此时命令行提示【多个(M)/线宽(W)/＜边数＞ ＜4＞：】，输入数值，并确认；

第 3 步：此时命令行提示【指定正多边形的中心点或［边(E)］：】，输入：E，并确认；

第 4 步：此时命令行提示【边缘第一端点：】，鼠标点取或输入坐标确认第一个端点；

第 5 步：此时命令行提示【边缘第二端点：】，鼠标点取或输入坐标确认第二个端点，正多边形绘制完成。

(2) 外切圆方式绘制正多边形

第 1 步：命令行提示【命令：】栏输入：Polygon 或 POL，并确认。

第 2 步：此时命令行提示【多个(M)/线宽(W)/＜边数＞ ＜4＞：】，输入数值，并确认；

第 3 步：此时命令行提示【指定正多边形的中心点或［边(E)］：】，鼠标点取或输入坐标确认中心点；

第4步：此时命令行提示【输入选项［内接于圆(I)｜外切于圆(C)］<I>:】，输入：C，并确认；

第5步：此时命令行提示【指定圆的半径:】，鼠标点取或输入坐标确认半径值，正多边形绘制完成。

(3) 内接圆方式绘制正多边形

第1步：命令行提示【命令:】栏输入：Polygon 或 POL，并确认。

第2步：此时命令行提示【多个(M)/线宽(W)/<边数><4>:】，输入数值，并确认；

第3步：此时命令行提示【指定正多边形的中心点或［边(E)]:】，鼠标点取或输入坐标确认中心点；

第4步：此时命令行提示【输入选项［内接于圆(I)｜外切于圆(C)］<I>:】，输入：I，并确认；

第5步：此时命令行提示【指定圆的半径:】，鼠标点取或输入坐标确认半径值，正多边形绘制完成。

3. 操作示例

示例1：用正多边形命令(边长方式)

绘制正五边形，如图1-46所示，边长为2000。

第1步：在命令行提示【命令:】栏输入：POL，并确认。

第2步：此时命令行提示【多个(M)/线宽(W)/<边数><4>:】，输入：5，并确认；

第3步：此时命令行提示【指定正多边形的中心点或［边(E)]:】，输入：E，并确认；

第4步：此时命令行提示【边缘第一端点:】，鼠标点取第一个端点；

第5步：此时命令行提示【边缘第二端点:】，输入：@2000，0，并确认。绘制完毕。

示例2：用正多边形命令(外切圆方式)

绘制六边形，如图1-47所示，外切圆半径为2000。

图1-46　用正多边形命令
绘制正五边形

图1-47　用正多边形命令
绘制正六边形

第1步：命令行提示【命令:】栏输入：POL，并确认。

第2步：此时命令行提示【多个(M)/线宽(W)/<边数><4>:】，输入：6，并确认；

第3步：此时命令行提示【指定正多边形的中心点或［边(E)]:】，鼠标点取绘图区任意点作为外切圆中心点；

第4步：此时命令行提示【输入选项［内接于圆(I)｜外切于圆(C)］<I>:】，输入：C，并确认；

第5步：此时命令行提示【指定圆的半径：】，输入：2000，并确认。绘制完毕。

4. 相关链接

（1）正多边形（Polygon）命令中的其他选项介绍如下。

【多个（M）】：当需要创建同一属性的正多边形，在执行 Polygon（POL）命令后，首先键入 M，输入完所需参数值后，就可以连续指定位置放置正多边形。

【线宽（W）】：设置正多边形的多段线宽度值。

（2）用正多边形（Polygon）命令绘制的正多边形是一条多段线，可采用多段线编辑（Pedit）命令进行编辑。但是每条边不能分别编辑，可以采用分解（Explode）命令使之分解成若干单独的线后再编辑。

1.3.10　绘制圆（Circle）

1. 功能

圆（Circle）命令可以绘制圆。

2. 操作步骤

绘制圆有六种方式，分别为指定圆心和半径绘圆、指定圆心和直径绘圆、指定 3 点绘圆、指定 2 点绘圆、绘制指定两个实体和指定半径的公切圆、绘制指定三个实体的公切圆。绘制圆时前面四种方式用得较多，后面两种方式用得较少，下面分别介绍。

（1）指定圆心和半径绘圆

第1步： ◆ 鼠标左键单击下拉菜单栏【绘图】，移动光标到【圆】，选取【圆心、半径】。

图 1-48　"圆"按钮

◆ 或者在"绘图"工具栏点击"圆"按钮（图 1-48）。

◆ 或者在命令行提示【命令：】栏输入：Circle 或 C，并确认。

第2步：此时命令行提示【两点（2P）/三点（3P）/相切－相切－半径（T）/弧线（A）/多次（M）/＜圆中心（C）＞：】，鼠标点取或输入坐标确认圆心。

第3步：此时命令行提示【直径（D）/＜半径（R）＞＜25＞：】，输入半径数值，并确认；或鼠标点取圆弧上的任一点，如图 1-49（a）所示。圆绘制完成。

（2）指定圆心和直径绘圆

第1步：命令行提示【命令：】栏输入：C，并确认。

第2步：此时命令行提示【两点（2P）/三点（3P）/相切－相切－半径（T）/弧线（A）/多次（M）/＜圆中心（C）＞：】，鼠标点取或输入坐标确认圆心。

第3步：此时命令行提示【直径（D）/＜半径（R）＞＜25＞：】，输入：D，并确认。

第4步：此时命令行提示【圆的直径＜50＞：】，输入直径数值，并确认；或鼠标点取一点，该点到圆心的距离即为直径，如图 1-49（b）所示。圆绘制完成。

（3）指定 3 点绘圆

第1步：命令行提示【命令：】栏输入：C，并确认。

第2步：此时命令行提示【两点（2P）/三点（3P）/相切－相切－半径（T）/弧线（A）/多次（M）/＜圆中心（C）＞：】，输入：3P，并确认。

第3步：此时命令行提示【圆上第一点：】，鼠标点取或输入坐标确认第一点。

第4步：此时命令行提示【第二点：】，鼠标点取或输入坐标确认第二点。

第5步：此时命令行提示【第三点：】，鼠标点取或输入坐标确认第三点，如图 1-49(c) 所示。圆绘制完成。

(4) 指定 2 点绘圆

第1步：命令行提示【命令：】栏输入：C，并确认。

第2步：此时命令行提示【两点(2P)/三点(3P)/相切－相切－半径(T)/弧线(A)/多次(M)/<圆中心(C)>：】，输入：2P，并确认。

第3步：此时命令行提示【直径上第一点：】，鼠标点取或输入坐标确认第一个端点。

第4步：此时命令行提示【直径上第二点：】，鼠标点取或输入坐标确认第二个端点，如图 1-49(d)所示。圆绘制完成。

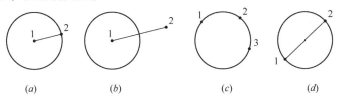

图 1-49　绘制圆

(a)指定圆心和半径；(b)指定圆心和直径；(c)指定 3 点；(d)指定 2 点

(5) 相切、相切、半径绘圆

相切、相切、半径绘圆是用来绘制指定两个实体和指定半径的公切圆。

第1步：命令行提示【命令：】栏输入：C，并确认。

第2步：此时命令行提示【两点(2P)/三点(3P)/相切－相切－半径(T)/弧线(A)/多次(M)/<圆中心(C)>：】，输入：T，并确认。

第3步：此时命令行提示【选取第一切点：】，鼠标点取第一个切点，相切对象应为圆、圆弧或直线。

第4步：此时命令行提示【选取第二切点：】，鼠标点取第二个切点。

第5步：此时命令行提示【圆半径<默认值>：】，输入半径数值，并确认；或鼠标点取两个点，该两点的距离即为半径，如图 1-50(a)所示。圆绘制完成。

(6) 相切、相切、相切绘圆

相切、相切、相切绘圆是用来绘制指定三个实体的公切圆。

第1步：鼠标左键单击下拉菜单栏【绘图】，移动光标到【圆】，选取【相切、相切、相切】。

第2步：此时命令行提示【两点(2P)/三点(3P)/相切－相切－半径(T)/弧线(A)/多次(M)/<圆中心(C)>：_3p 圆上第一点：_tan 到】，鼠标点取第一个相切对象。

第3步：此时命令行提示【第二点：_tan 到】，鼠标点取第二个相切对象。

第4步：此时命令行提示【第二点：_tan 到】，鼠标点取第三个相切对象，如图 1-50 (b)所示。圆绘制完成。

综上所述，绘制圆的方式有六种之多，

图 1-50　绘制公切圆

(a)相切、相切、半径绘圆；

(b)相切、相切、相切绘圆

绘图时应根据具体情况进行分析，选用最为便捷适宜的方式来绘制。

3. 操作示例

示例：用圆命令绘制半径为 800 的圆。

第 1 步：命令行提示【命令:】栏输入：C，并确认。

第 2 步：此时命令行提示【两点(2P)/三点(3P)/相切－相切－半径(T)/弧线(A)/多次(M)/＜圆中心(C)＞:】，鼠标点取绘图区任意点确认圆心。

第 3 步：此时命令行提示【指定圆的半径或［直径（D）］＜默认值＞:】，输入：800，并确认。绘制完毕。

4. 相关链接

(1) 圆(Circle)命令中的其他选项介绍如下。

【弧线(A)】：将选定的弧线转化为圆，使得弧缺补充为封闭的圆。

【多个(M)】：将连续绘制多个相同设置的圆。

(2) 相切、相切、半径绘圆时，选取的切点只需大致定位就可以绘出公切圆，不必精切定位，事实上在公切圆画出前也难以做到精确定位。

(3) 相切、相切、半径绘圆时，如果输入半径值太大或太小，CAD 会提示【圆不存在】，并直接退出圆命令的执行。

(4) 相切、相切、相切绘圆时，前面介绍的是在下拉菜单栏中输入命令的方式，也可以采用命令行输入，具体步骤如下：命令行提示【命令:】栏输入：C，并确认；此时命令行提示【两点(2P)/三点(3P)/相切－相切－半径(T)/弧线(A)/多次(M)/＜圆中心(C)＞:】，输入：3P，并确认；此时命令行提示【圆上第一点:】，输入：tan，并确认；此时命令行提示【到】，鼠标点取第一个相切对象；此时命令行提示【第二点:】，输入：tan，并确认；此时命令行提示【到】，鼠标点取第二个相切对象；此时命令行提示【第三点:】，输入：tan，并确认；此时命令行提示【到】，鼠标点取第三个相切对象，绘制完毕。可以看出，命令行输入的方式不够便捷，所以不推荐使用。

1.3.11　绘制圆弧(Arc)

1. 功能

圆弧(Arc)命令可以绘制圆弧。

2. 操作步骤

启动圆弧命令的方法同其他绘图命令一样，仍是三种，分别为：

◆ 鼠标左键单击下拉菜单栏【绘图】，移动光标到【圆弧】。

◆ 或者在"绘图"工具栏点击"圆弧"按钮(图 1-51)。

图 1-51　"圆弧"按钮

◆ 或者在命令行提示【命令:】栏输入：Arc 或 A，并确认。

绘制圆弧有多种方式，我们可以在下拉菜单栏的子菜单中看到总共有 11 种之多(图 1-52)，下面分别简单介绍。

(1)【三点(P)】

用户按顺序输入三个点：圆弧的起点、第二点、端点，就可以确定一段圆弧。该圆弧通过这三个点，端点即圆弧的终点。端点输入时，可以采用拖动方式将圆弧拖至所需的位置。

（2）【起点、圆心、端点(S)】

用户先输入圆弧的起点和圆心，圆弧的半径就已经确定，再输入端点，此端点只决定弧的长度，不一定是圆弧的终点，端点和圆心的连线就是圆弧的终点处。

（3）【起点、圆心、角度(T)】

角度指此段圆弧包含的角度，顺时针为负，逆时针为正。

（4）【起点、圆心、长度(A)】

长度指此段圆弧的弦长，即连接圆弧起点到终点的直线长度。用户只能沿逆时针方向绘制圆弧，弦长为正值绘制小于180°的圆弧，弦长为负值则绘制大于180°的圆弧。

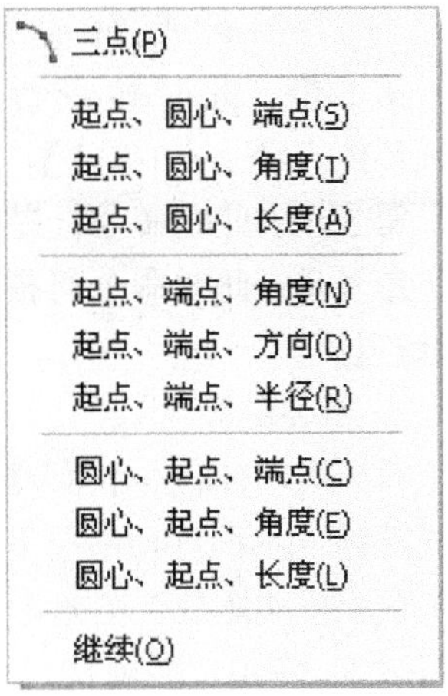

（5）【起点、端点、角度(N)】

此端点为圆弧的终点。角度同(3)中所述。

（6）【起点、端点、方向(D)】

此端点为圆弧的终点。方向指圆弧的切线方向，用户可直接指定，也可以通过输入角度值确定。

（7）【起点、端点、半径(R)】

此端点为圆弧的终点。用户只能沿逆时针方向绘制圆弧，半径为正值绘制小于180°的圆弧，半径为负值则绘制大于180°的圆弧。如图1-53所示，(a)与(b)的点1和点2相同，半径值数字相同，但是(a)为正值，(b)为负值。

图 1-52　"圆弧"子菜单

（8）【继续】

前面已经介绍了7种绘制圆弧的方式，还有3种方式：【圆心、起点、端点（C）】、【圆心、起点、角度（E）】、【圆心、起点、长度(L)】与前面绘制的参数含义相同，不再重复介绍。

还有最后1种方式"继续"须要解释一下，"继续"并不是指重复操作继续绘制圆弧，而是指系统以最后一次绘制的直线、圆弧或者多段线的最后一个点作为新圆弧的起始点，

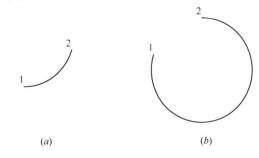

图 1-53　半径为正值和负值下绘制的圆弧
(a)半径为正值；(b)半径为负值

以最后所绘制线段方向或者圆弧终止点的切线方向为新圆弧的起始点处的切线方向，用户只要指定新圆弧的端点，即可确定新圆弧。

绘制圆弧的方式很多，我们在绘图时根据具体情况灵活选用。

1.3.12　绘制圆环(Donut)

1. 功能

圆环(Donut)命令可以绘制实心或空心的圆环。

2. 操作步骤

第1步：◆ 鼠标左键单击下拉菜单栏【绘图】，移动光标到【圆环】。

◆ 或者在命令行提示【命令：】栏输入：Donut 或 DO，并确认。

第 2 步：此时命令行提示【两点（2P）/叁点（3P）/半径－相切－相切（RTT）/＜圆环体内径＞＜10＞：】，输入内圆直径值，并确认。

第 3 步：此时命令行提示【圆环体外径 ＜20＞：】，输入外圆直径值，并确认。

第 4 步：此时命令行提示【圆环体中心：】，用户可连续指定位置。绘制完毕，按【空格】键退出。

3. 相关链接

（1）圆环（Donut）命令执行中，当输入内径为 0，则绘出的是实心圆。图 1-54 所示为相同外径、不同内径情况下所绘制的圆环。

（2）圆环体是否填充，可以通过系统变量 Fillmode 命令或 Fill 命令来设置。比如在命令行输入：Fill，并确认，命令行提示【输入模式［开（ON）/关（OFF）］＜开＞：】，输入：Off，并确认，则如图 1-54(*a*)、(*b*)的圆环将如图 1-55(*a*)、(*b*)所示。

(*a*)　　　　(*b*)　　　　(*c*)　　　　　　　(*a*)　　　　(*b*)

图 1-54　相同外径、不同内径的圆环　　　　图 1-55　填充关闭时的圆环
(*a*)内径＜外径；(*b*)内径＝0；(*c*)内径＝外径　　　(*a*)内径＜外径；(*b*)内径＝0

（3）无论是用系统变量 Fillmode 命令或 Fill 命令，当改变填充方式后，都必须用视图重画命令(Redraw)或者图形重生成命令(Regen)，才能改变圆环显示。

1.3.13　绘制样条曲线(Spline)

1. 功能

样条曲线(Spline)命令可以绘制平滑相连的曲线。

2. 操作步骤

第 1 步：◆ 鼠标左键单击下拉菜单栏【绘图】，移动光标到【样条曲线】。

图 1-56　"样条曲线"按钮

◆ 或者在"绘图"工具栏点击"样条曲线"按钮(图 1-56)。

◆ 或者在命令行提示【命令：】栏输入：Spline 或 SPL，并确认。

第 2 步：此时命令行提示【样条第一点：】，用户指定第一个点。

第 3 步：此时命令行提示【第二点：】，用户指定下个点。

第 4 步：此时命令行提示【闭合(C)/撤销(U)/拟合公差(F)/＜下一点＞：】，用户选择其中选项，或输入下一个点，直至所有点输入完毕，空格退出。

其中各选项解释如下：

（1）【下一点】：确定样条曲线的下一个点，可以连续输入。拟合一段样条曲线至少输入三个点。

（2）【闭合(C)】：形成首尾相连的闭合样条曲线。

（3）【拟合公差(F)】：设置样条曲线偏差值。数值越大，曲线越光滑。如果该值为0，则拟合后的样条曲线将通过所有拟合点。

（4）【选取起始】：可直接输入该切线方向的正切值，但一般情况是在起点附近输入一点来确定起点处的切线方向，系统后续提示输入终点的切线方向，指定后样条曲线就确定了。

第5步：此时命令行提示【选取起始切点】，指定起始点切线。

第6步：此时命令行提示【终点相切】，指定终点切线。

3. 相关链接

样条曲线(Spline)命令可绘制真实的 Spline 曲线，而用多段线编辑命令(Pedit)中的 Spline 选项，即样条曲线(S)选项，只能得到近似的光滑多段线，即 Pline 曲线。多段线编辑命令(Pedit)我们在后面的单元2中详细介绍。

1.3.14　图案填充(Hatch)

1. 功能

图案填充(Hatch)命令可以对图形中的某些指定区域进行图案填充。系统提供了多种图案可供选择，同时也允许使用临时定义的图案。

2. 操作步骤

第1步：◆ 鼠标左键单击下拉菜单栏【绘图】，移动光标到【图案填充】。

◆ 或者在"绘图"工具栏点击"图案填充"按钮(图1-57)。

图1-57　"图案填充"按钮

◆ 或者在命令行提示【命令:】栏输入：Hatch 或 H，并确认。

第2步：此时系统弹出"图案填充和渐变色"对话框。在该对话框中，有"图案填充"和"渐变色"两个选项，选择"图案填充"选项，此时对话框如图1-58所示。

对话框中各选项的含义介绍如下：

（1）"类型和图案"选项

1)【类型】：设置填充的图案类型。单击右侧下拉箭头，弹出下拉列表框有3个选项："预定义"、"用户定义"、"自定义"。其中"预定义"是选用系统提供的图案；"用户定义"是在选用时临时定义图案，该图案是1组平行线或相互垂直的2组平行线；"自定义"是选用自己已定义好的图案。

2)【图案】：当选择"预定义"选项时，该下拉列表框才可用。单击右侧下拉箭头，在弹出的图案名称中选择。或者，也可以单击右侧的按钮，系统弹出"填充图案选项板"对话框(图1-59)。在该对话框中，有4个选项："ANSI"、"ISO"、"其他预定义"、"自定义"。图1-59所示就是"ANSI"的填充图案。

3)【样例】：显示当前选中的填充图案样例。单击该窗口的填充图案样例，也可以打开"填充图案选项板"对话框。

4)【自定义图案】：当图案项选择"自定义"时，该下拉列表框才可用。单击右侧下拉箭头，在弹出的图案名称中选择。或者，也可以单击右侧的按钮，在系统弹出的"填充图案选项板"对话框选择。

图 1-58 "图案填充和渐变色"对话框

图 1-59 "填充图案选项板"对话框

（2）"角度和比例"选项

1）【角度】：设置填充图案的旋转角度，默认设置为 0。

2）【比例】：设置填充图案的比例。用户必须根据实际情况设置合适的比例。比例过大或过小，会导致填充图案过稀或过密，都是不合适的。当在【类型】中选择"用户定义"选项，【比例】为灰色显示，不可用。

3）【双向】：当在【类型】中选择"用户定义"选项，此项才可用。选中该项，填充图案为相互垂直的 2 组平行线；否则，为 1 组平行线。

4）【相对图纸空间】：确定比例是否为相对图纸空间的比例。

5）【间距】：当在【类型】中选择"用户定义"选项，此项才可用，设置填充平行线之间的距离。

6）【ISO 笔宽】：当在【图案】中选择"ISO"选项，此项才可用，设置笔的宽度。

（3）"图案填充原点"选项

一般情况下我们采用默认选项，使用当前原点。

（4）"边界"选项

1）【添加：拾取点】：鼠标点取须要填充区域内的一个点，系统将寻找包含该点的封闭区域填充。

2）【添加：选择对象】：鼠标选择要填充的对象。常用在有多个或多重嵌套的图形须要填充时。

3）【删除边界】：当填充区域内存在另外的封闭区域时，可将多余的对象排除在边界集外，使其不参与边界计算。如图 1-60(a) 所示，在矩形封闭区域内还有 1 个圆形封闭区域，如果不用【删除边界】命令，填充效果如图 1-60(b) 所示；如果用【删除边界】命令点取圆，则填充效果如图 1-60(c) 所示。

4）【重新创建边界】：对无边界的已填充图案补全其边界，如图 1-61 所示。

(a)　　　　　　(b)　　　　　　(c)　　　　　　　(a)　　　　　　(b)

图 1-60　图案填充效果　　　　　　　图 1-61　重新创建边界
(a)填充前图形；(b)填充效果(不删除边界)；　　　(a)无边界的填充图案；
(c)填充效果(删除边界)　　　　　　　　　　(b)重新创建边界后

5）【查看选择集】：点击此按钮后，可在绘图区域亮显当前定义的边界集合。

（5）"孤岛检测"选项

孤岛是指封闭区域中的内部闭合边界。"孤岛检测"用于指定是否把内部闭合边界作为填充的边界对象。如图 1-58 所示，有 3 个选项。

1）【普通】：从点取区域的外部边界向内填充，如果遇到内部孤岛，填充将关闭，直到遇到孤岛中的另一个孤岛。

2）【外部】：从点取区域的外部边界向内填充，如果遇到内部孤岛，填充关闭。

3）【忽略】：忽略外部边界内的孤岛，全部填充。

（6）【预览】和【动态预览】

【预览】按钮可以在填充前预先浏览图案填充效果。【动态预览】可以在不关闭"填充"对话框的情况下预览填充效果，以便用户及时查看并修改填充图案。【动态预览】和【预览】选项不能同时选中，只能选择其中一种预览方法。

（7）"其他选项"选项

默认情况下，"其他选项"栏是被隐藏起来的，当点击图 1-58 右下角"其他选项"的按钮时，将其展开后可以拉出如图 1-62 所示的对话框。

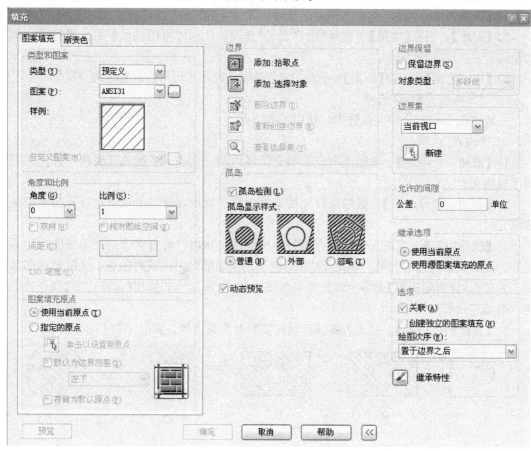

图 1-62   "其他选项"对话框

1）【保留边界】：用于以临时图案填充边界创建边界对象，并将它们添加到图形中，在对象类型栏内选择边界的类型是面域或多段线。

2）【边界集】：可以指定比屏幕显示小的边界集，一般在复杂图形中需要长时间分析操作时使用此项功能。

3）【允许的间隙】：填充应在封闭区域中进行，但有些边界区域并非严格封闭，接口处存在一定空隙，而且空隙往往比较小，不易观察到，造成边界计算异常，软件考虑到这种情况，设计了此选项，使在可控制的范围内即使边界不封闭也能够完成填充操作。

4）【继承选项】：当用户使用【继承特性】创建图案填充时，将以这里的设置来控制图案填充原点的位置。"使用当前原点"项表示以当前的图案填充原点设置为目标图案填充的原点；"使用源图案填充的原点"表示以复制的源图案填充的原点为目标图案填充的原点。

5)【关联】：选中此项，填充图案与边界保持关联。当对边界进行编辑修改后，填充图案将按照修改后的边界自动更新，以适合新的边界。

6)【创建独立的图案填充】：对于有多个独立封闭边界的情况下，用户可以选择两种方式创建填充，一种是将几个填充图案定义为一个整体，另一种是将各个填充图案独立定义。图 1-63 为选取填充图案时的显示，(a)为未选择此项，矩形和圆内的填充图案是一个整体，此时如选取矩形内的填充图案，则圆内的填充图案将自动选中。图 1-63(b)为选择此项，此时的 2 个填充图案是独立的，选取矩形内的填充图案时，圆内的不会同时选中。

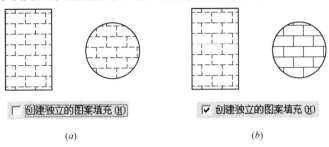

(a)　　　　　　　　　　　(b)

图 1-63　通过选取查看填充图案是否独立

7)【绘图顺序】：指定图案填充时的绘图顺序，下拉列表框中有 5 个选项可供选择：不指定、后置、前置、置于边界之后、置于边界之前。

8)【继承特性】按钮：用于将源填充图案的特性匹配到目标图案上，并且可以在继承选项里指定继承的原点。

3. 操作示例

示例：用图案填充(Hatch)命令将图 1-64(a)的 240 墙体填上砖墙图例符号，如图 1-64(b)所示。图 1-64 出图比例为1∶20，绘图比例为 1∶1。

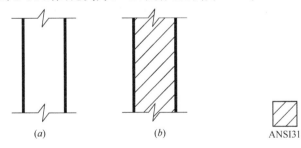

(a)　　　　　　(b)　　　　　　　　　ANSI31

图 1-64　填充砖墙　　　　　　图1-65　填充图案样式

第 1 步：命令行提示【命令：】栏输入：H，并确认。

第 2 步：此时系统弹出"图案填充和渐变色"对话框，系统默认为"图案填充"选项，【类型】默认为"预定义"。用户单击【图案】右侧的按钮，系统弹出"填充图案选项板"对话框(图 1-60)，在该对话框的"ANSI"选项下选择填充图案"ANSI31"，如图 1-65所示，并确定，系统退出"填充图案选项板"对话框。

第 3 步：此时系统回到"图案填充和渐变色"对话框，用户在【比例】中输入：20。

第 4 步：此时系统仍在"图案填充和渐变色"对话框，用户点击【添加：拾取点】按钮，系统切换到绘图区。

第 5 步：此时命令行提示【拾取内部点或 ［选择对象(S)/删除边界(B)]：】，用户在填充区域内点取任意一点。

第 6 步：此时系统进行分析后，命令行继续提示【拾取内部点或 ［选择对象(S)/删除边界(B) /放弃(U)]：】，用户按【空格】键退出，系统切换到"图案填充和渐变色"对话框。用户在此点击"确定"按钮。图案填充完毕。

4. 相关链接

（1）图案填充时，所选择的填充边界必须要形成封闭的区域；否则系统提示警告信息：【你选择的区域无效】。

（2）图案填充时比例设置特别重要。如果比例太大，系统提示【无法对边界进行图案填充】；如果比例太小，系统提示【图案填充间距太密，或短划尺寸太小】，同样无法填充，用户只能多试几次才能确定合适的比例。另外，当出图比例改变时，同一图案的填充比例必须相应调整。

（3）图案填充极耗内存，而且每次视图刷新也会耗用很多时间，图案填充较多时甚至会出现死机。因此一般情况下都是在绘图的最后一步进行图案填充，或者将图案填充设置在一个单独图层中，冻结它后再进行其他绘图工作。

1. 3. 15　块的操作（Block、Wblock 、Insert ）

绘图时我们经常会遇到相同的内容需要重复绘制，比如说图框的标题栏、建筑图中的门、窗、家具等。我们可以采用复制粘贴的命令，或者采用阵列的命令，这样的确也很方便，但是如果学会了块的操作，就会发现这个命令更加便捷高效。

块就是把互相独立的多个图形集合起来成为一个整体的图形。

创建块（Block）很简单，具体操作步骤为：

第 1 步：◆ 鼠标左键单击下拉菜单栏【绘图】，移动光标到【块】，点击【创建】。

图 1-66　"创建块"按钮

◆ 或者在"绘图"工具栏点击"创建块"按钮（图 1-66）。

◆ 或者在命令行提示【命令：】栏输入：Block 或 B，并确认。

第 2 步：此时系统弹出"块定义"对话框（图 1-67），用户在"名称"框内输入新定义的块名。如单击右侧下拉箭头，将弹出下拉列表框，列有图形中已定义的块名。

第 3 步：在"块定义"对话框中，单击"对象"选项组的【选择对象】按钮，系统切换到绘图区，选择图形对象，并确认。

"对象"选项组中其他各项分别介绍如下：

（1）【保留】：创建块后，保留绘

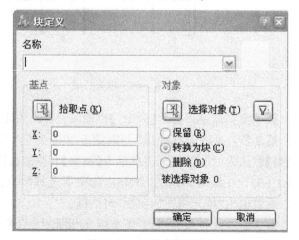

图 1-67　"块定义"对话框

图区中组成块的各对象。

(2)【转换为块】：创建块后，保留绘图区中组成块的各对象，并转换成块。

(3)【删除】：创建块后，删除绘图区中组成块的各对象。

第4步：此时系统又切换到"块定义"对话框，单击"基点"选项组的【拾取点】按钮，系统切换到绘图区，用户指定块的插入基点。

第5步：此时系统又切换到"块定义"对话框，单击【确定】按钮。块创建完毕。

用创建块（Block）命令定义的图块，只能在定义图块的图形中调用，而不能被其他图形文件选用，因此用 Block 命令定义的图块被称为内部块。

为了供其他图形文件使用，我们可以用写块（WBlock）命令，WBlock 命令可将内部块或图形文件中的图形，定义为块，并以图形文件（＊.dwg）的形式存盘，其他图形文件均可以将它作为块调用。WBlock 命令定义的图块是一个独立存在的图形文件，因此被称作外部块。写块（WBlock）命令的操作具体步骤如下：

第1步：在命令行提示【命令：】栏输入：WBlock 或 W，并确认。

第2步：系统弹出"写块"对话框（图 1-68）。

"写块"对话框中各选项说明如下：

(1) 源

1)【块】：将已定义的块作为存盘源目标。可以直接输入块名，也可以单击右侧下拉箭头，在弹出的列表框中选择已定义的块名。

2)【整个图形】：将当前整个图形文件作为存盘源目标。

3)【对象】：重新定义对象作为存盘源目标。选择该项后，下面的"基点"和"对象"区域可选择，"对象"区域用于指定组成外部块的实体，以及生成块后源实体是保留、消除或是转换成图块。"基点"区域用于指定图块插入基点。

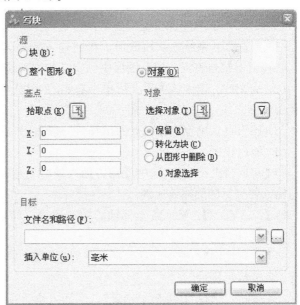

图 1-68 "写块"对话框

(2) 目标：设置存盘块文件的文件名、储存路径。

(3) 插入单位：设置存盘块文件插入时的单位制。

通过创建块（Block）和写块（WBlock）命令定义的块，在需要调用的时候，都用插入块（Insert）的命令，可将块插入到当前图形文件中。插入块（Insert）的具体操作步骤为：

第1步：◆ 鼠标左键单击下拉菜单栏【插入】，移动光标到【块】。

◆ 或者在"绘图"工具栏点击"创建块"按钮（图 1-69）。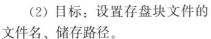

◆ 或者在命令行提示【命令：】栏输入：Insert 或 I，并确认。 图 1-69 "插入块"按钮

第2步：此时系统弹出"插入"对话框（图 1-70）。

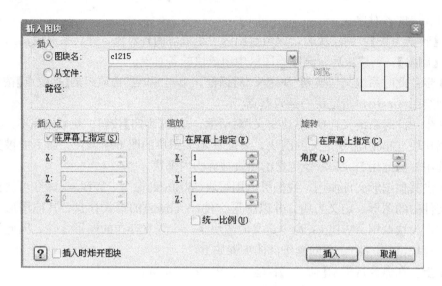

图 1-70 "插入"对话框

"插入"对话框中各选项说明如下：

(1) 图块名：系统默认该选项，在此输入要插入的内部块名称。如单击右侧下拉箭头，将弹出下拉列表框，列有图形中已定义的内部块名，如果没有内部块，则是空白。

(2) 从文件：选中该项后，可单击右侧的"浏览"按钮，可选择要插入的外部图块文件路径及名称。

(3) 插入点：确定块插入点的位置。一般选用"在屏幕上指定"。

(4) 缩放比例

1)【在屏幕上指定】：选中此项，插入块时直接在绘图区用光标指定两点或在命令提示行输入各坐标轴的缩放比例。

2)【X、Y、Z】：输入各坐标轴的缩放比例。如果选择了"在屏幕上指定"，此处灰色显示，不能用。

3)【统一比例】：选中此项，插入块时 X、Y、Z 轴比例相同，只需输入 X 轴比例，此时 Y、Z 轴灰色显示。

(5) 旋转：选择"在屏幕上指定"，则插入块时直接在绘图区用光标指定或在命令行输入角度值；"角度"文本框内也可以输入插入块的选择角度。

(6) 插入时炸开图块：选中此项，将插入的块分解成组成块前的各对象。

通过创建块(Block)和写块(WBlock)命令，用户在 CAD 里面创建的块图形不仅在当前的文件使用，还可以把块图形存盘供其他文件使用。块的图形积累越多，绘图就越方便，效率也越高。

注：当一张图纸中须要绘制不同出图比例的图形时，我们用块的操作相当便捷。如一个图框中同时绘制一张平面图和一个节点详图，绘制比例均为 1：1，但是平面图的出图比例为 1：100，节点详图的出图比例为 1：20，我们可以将节点详图按 1：1 绘制完毕后，做成 Block，放大 5 倍插入到图框中即可。

1.3.16 文本标注与编辑(Style、Text、Mtext、Ddedit)

一张完整的图纸除了图形,还包含文字说明。CAD 在提供强大的绘图功能以外,还提供了文本标注功能,同时也提供了文本编辑功能,方便文本的编辑修改。下面我们对 CAD 的文本功能进行介绍。

1. 设置文字样式(Style)

文本标注前,首先应设置文字样式,如文字的字体、字符高度、字符宽度比例、倾斜角度、反向、倒置及垂直等参数。具体操作步骤为:

第 1 步: ◆ 鼠标左键单击下拉菜单栏【格式】,点击【文字样式】。

◆ 或者在"文字"工具栏(图 1-71)点击"文字样式"按钮。

◆ 或者在"样式"工具栏(图 1-72)点击"文字样式"按钮。

◆ 或者在命令行提示【命令:】栏输入:Style 或 ST,并确认。

图 1-71 "文字"工具栏   图 1-72 "样式"工具栏

第 2 步: 此时系统弹出"字体样式"对话框(图 1-73),用户在此设置文字样式。对话框中各选项说明如下:

(1) 当前样式名

1) 样式名下拉列表框:用户可以从下拉列表框选择已定义的样式。

图 1-73 "字体样式"对话框

2)【新建】:单击"新建"按钮,弹出"新文字样式"对话框(图 1-74)。输入新建的文字样式名称,然后单击"确定"按钮,系统返回到"文字样式"对话框。

3)【重命名】:单击该按钮,系统弹出"重命名文字样式"对话框(图 1-75)。可以更改文字样式名称。

　　图 1-74　"新建文字样式"对话框　　　　　图 1-75　"重命名文字样式"对话框

4)【删除】：用户可以删除设定的文字样式，但是不能删除已经被使用的文字样式和 Standard 样式。

(2) 文本度量

1)【文本高度】：指定字设置文字高度。如果高度值为 0，每次输入该样式文字时，系统都将提示输入文字高度。

2)【宽度因子】：设置字符宽高比。输入小于 1 的值字符变窄，输入大于 1 的值则字符变宽。

3)【倾斜角】：设置文字的倾斜角，系统规定角度取值范围为 $-85°\sim85°$。

(3) 文本字体

1)【字体名】：下拉列表框中列出所有 Windows 系统中的 TrueType 字体(字体名前以 T 符号标示)和 CAD 的 Fonts 文件夹中的 SHX 字体，用户可从中选择一种。

注：(1)SHX 字体是专门为 CAD 制作的字体，占用空间小，显示速度快，但字体不够美观。TrueType 字体美观，但显示速度慢，字体实际高度不精确，另外在移动、拷贝过程中，句子长度可能与实际长度不同，影响参考定位。

(2) 字体高度设置相同时，通常 SHX 字体的英文字母比 TrueType 字体的英文字母高，大字体(SHX)的中文字比 TrueType 字体的中文字低。

2)【字型】：设置字体格式，比如斜体、粗体或者常规字体。当选中【使用大字体】后，该选项名变为【大字体】，用于选择大字体文件。

3)【大字体】：设置是否选用亚洲语言的大字体文件。只有在【字体名】中指定 SHX 文件，才能使用大字体。

(4) 文本生成

1)【文本反向印刷】：设置是否反向显示文本。

2)【文本颠倒印刷】：设置是否颠倒显示文本。

3)【文本垂直印刷】：设置是否垂直显示文本，True Type 字体垂直定位不可用。

(5) 预览

单击【预览】按钮，预览框中显示对话框中设置的字符样例。预览图像不反映文字高度。

第 3 步：上述各项完成后，单击【应用】按钮，再单击"关闭"按钮，对话框关闭。文字样式设置完毕。文本注写时将按当前设置的文字样式注写。

注：(1) 我们设置文字样式时应按照国家制图标准《房屋建筑制图统一标准》(GB/T 50001—2010)进行设置：1)图样及说明中的汉字，宜采用长仿宋体或黑体，同一图纸字体种类不应超过两种。长仿宋体的高宽关系应符合表 1-3 的规定，黑体字的宽度、

高度应相同。2)字母和数字有直体和斜体两种，斜体字与右侧水平线的夹角为75°。字母与数字的字高不小于2.5mm。

（2）当需要竖排写字时，我们在【字体名】下拉列表框中选择字体时，选择字体名前有T@符号的字体，系统默认为竖排字。

长仿宋字高宽关系(mm) 表1-3

字　高	3.5	5	7	10	14	20
字　宽	2.5	3.5	5	7	10	14

2. 注写单行文本(Text)

注写单行文本(Text)命令可注写单行文本。该命令同时可设置文本的当前字型、旋转角度(Rotate)、对齐方式(Justify)等。具体操作步骤为：

第1步：◆ 鼠标左键单击下拉菜单栏【绘图】，移动光标到【文字】，点击【单行文字】。

　　　　◆ 或者在"文字"工具栏(图1-71)点击"单行文字"按钮。

　　　　◆ 或者在命令行提示【命令：】栏输入：Text 或 DT，并确认。

第2步：此时命令行出现两行提示，第一行【当前文字样式："仿宋"文字高度：2.5000】，

第二行【文字：对正(J)/样式(S)/<起点>：】，用户指定文字起点位置。系统默认的对正方式为"左对齐"，文本将由此起点向右排列。

第一行显示的文字样式和文字高度值都是当前值，该显示会随当前情况改变。

第3步：此时命令行提示【字高 <2.5>：】，用户在此设置文字高度，并确认。

第4步：此时命令行提示【文字旋转角度 <0>：】，用户在此设置文字角度，并确认。

第5步：此时绘图区在位文字编辑器等待输入，用户输入文字，可换行输入多行文字，输完连续按【Enter】2次，文本注写完毕。或用鼠标点击编辑器外的绘图区也可退出。

在第2步操作中，我们提到系统默认的对正方式为"左对齐"。如果用户想调整对正方式，则在第2步时输入：J，命令行将提示【文字：样式(S)/对齐(A)/调整(F)/中心(C)/中间(M)/右边(R)/左上(TL)/中上(TC)/右上(TR)/左中(ML)/正中(MC)/右中(MR)/左下(BL)/中下(BC)/右下(BR)/<起点>：】，用户在此输入对正方式。此处各选项说明如下：

（1）【对齐(A)】：通过指定基线端点来指定文字的高度和方向。先指定文字基线的第一个端点，再指定文字基线的第二个端点，然后在单行文字的在位文字编辑器中输入文字。字符的大小根据其高度按比例调整。文字字符串越长，字符越矮。

（2）【调整(F)】：指定文字按照由两点定义的方向和一个高度值布满一个区域。只适用于水平方向的文字。

（3）【中心(C)】：从基线的水平中心对齐文字，此基线是由用户给出的点指定的。

（4）【中间(M)】：文字在基线的水平中点和指定高度的垂直中点上对齐。中间对齐的文字不保持在基线上。

（5）【右边(R)】：在由用户给出的点指定的基线上右对正文字。

（6）【左上(TL)】：在指定为文字顶点的点上左对正文字。只适用于水平方向文字。

（7）【中上(TC)】：以指定为文字顶点的点居中对正文字。只适用于水平方向文字。

(8)【右上(TR)】：以指定为文字顶点的点右对正文字。只适用于水平方向文字。

(9)【左中(ML)】：在指定为文字中间点的点上靠左对正文字。只适用于水平方向文字。

(10)【正中(MC)】：在文字的中央水平和垂直居中对正文字。只适用于水平方向文字。

(11)【右中(MR)】：以指定为文字的中间点的点右对正文字。只适用于水平方向文字。

(12)【左下(BL)】：以指定为基线的点左对正文字。只适用于水平方向文字。

(13)【中下(BC)】：以指定为基线的点居中对正文字。只适用于水平方向文字。

(14)【右下(BR)】：以指定为基线的点靠右对正文字。只适用于水平方向文字。

在第2步操作中，如果输入：S，我们还可以设置当前文字样式。

注写单行文本(Text)命令可注写一行或多行文字，但每一行文字单独作为一个实体对象。如果用户须要注写多行文字，可以在输入时按【Enter】键换行，或者重新注写，但是不管采用何种方式，有几行文字就有几个实体对象。

3. 注写多行文本(Mtext)

注写多行文本(Mtext)命令将输入的英文单词或中文字组成的长句子按用户指定的文本边界自动断行成段落，无需按【Enter】键换行，除非需要强行断行。对于连续输入的英文字母串(即中间不含空格)，必须在断行处输入"＼"、空格或回车符，才能断行成段落。具体操作步骤为：

第1步：　◆ 鼠标左键单击下拉菜单栏【绘图】，移动光标到【文字】，点击【多行文字】。

　　　　　◆ 或者在"文字"工具栏(图1-71)点击"多行文字"按钮。

　　　　　◆ 或者在"绘图"工具栏点击"多行文字"按钮。

　　　　　◆ 或者在命令行提示【命令：】栏输入：Mtext或T，并确认。

第2步：此时命令行提示【指定第一角点：】，用户指定第一个点。

第3步：此时命令行提示【指定对角点或［高度(H)/对正(J)/行距(L)/旋转(R)/样式(S)/宽度(W)］：】，用户指定标注文本框的另一个角点。如需对后面的选项进行调整设置，则先进行设置，再指定角点。各选项说明如下：

(1)【高度(H)】：设置字体高度。

(2)【对正(J)】：设置文本对正方式，同单行文本(Text)命令。

(3)【行距(L)】：设置行间距。

(4)【旋转(R)】：设置文本框倾斜角度。

(5)【样式(S)】：设置字体样式。

(6)【宽度(W)】：设置文本框宽度。

第4步：此时系统同时弹出"文字格式"工具栏(图1-76)和"文字输入"窗口(图1-77)。用户在"文字格式"工具栏设置文字样式、字体、高度等，在"文字输入"窗口输入多行文字，并且可以设置缩进和制表位位置。

第5步：输入完毕，在"文字格式"工具栏上单击【确定】按钮。多行文本注写完毕。

注写多行文本(Mtext)命令与注写单行文本(Text)命令有所不同，Mtext输入的多行段落文本是作为一个实体，只能对其进行整体选择、编辑；Text命令也可以输入多行文

图 1-76　"文字格式"工具栏

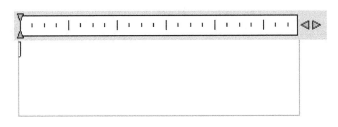

图 1-77　"文字输入"窗口

本，但每一行文本单独作为一个实体，可以分别对每一行进行选择、编辑。

用户若要修改已标注的 Mtext 文本，可选取该文本后，单击鼠标右键，在弹出的快捷菜单中选"参数"项，即弹出"对象属性"对话框进行文本修改。

输入文本的过程中，可对单个或多个字符进行不同的字体、高度、加粗、倾斜、下划线等设置，这点与字处理软件相同。其操作方法是：按住并拖动鼠标左键，选中要编辑的文本，然后再设置相应选项。

4. 特殊字符的输入

在标注文本时，常常须要输入一些特殊字符，如"Φ"、"±"、"°"等符号。系统提供了一些带两个百分号(％％)的控制代码来生成这些特殊符号，见表 1-4。

特殊字符及控制代码　　　　　　　　　　　　　　　　　　　　表 1-4

特殊字符	控制代码	说明
ϕ	％％C	直径符号
±	％％P	公差符号
°	％％D	角度符号
Φ	％％130	HPB235 钢符号
Φ	％％131	HRB335 钢符号
Φ	％％132	HRB400 钢符号

注：(1) 注写钢筋符号，必须选用 SHX 字体，如设定为宋体、黑体等 TrueType 字体无效。

(2) 注写钢筋符号，必须采用 DT 单行文本输入，多行文本输入方式无效。

(3) 注写钢筋符号，一般系统自带的字库文件 txt. shx 是无效的，必须采用专业建筑软件中的 txt. shx 字库文件，拷贝到 CAD 安装文件夹下的 Fonts 文件夹中，覆盖原有字库。如果此时 CAD 在打开状态，需要关闭，再重启 CAD 才能调用新字库。

5. 文本编辑(Ddedit)

有时我们需要对标注好的文本进行内容、样式等的调整，可采用以下几种方式：

(1) Ddedit 命令编辑

第 1 步： ◆ 鼠标左键单击下拉菜单栏【修改】，移动光标到【对象】，再选择最后一项下级菜单【编辑】。

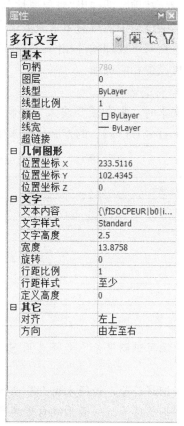

图 1-78 "文字编辑"按钮

◆ 或者在"文字"工具栏（图 1-71）点击"文字编辑"按钮（图 1-78）。

◆ 或者在命令行提示【命令：】栏输入：Ddedit 或 ED，并确认。

第 2 步： 此时命令行提示【选择修改对象：】，用户选择文本对象。如选取的文本为单行文本，则该单行文本变为可修改状态，用户可对文本内容进行修改；如选取的文本为多行文本，则系统同时弹出"文字格式"工具条和"文字输入"窗口，用户可以对文本进行全部编辑修改。

(2) 特性命令编辑

用户选取需要修改的文本，单击鼠标右键，系统弹出快捷菜单（图 1-79），单击"对象特性管理器"，系统弹出"属性"对话框（图 1-80），用户也可在此进行编辑修改。

或者鼠标左键单击下拉菜单栏【修改】，移动光标到【对象特性管理器】，再选取对象进行修改。

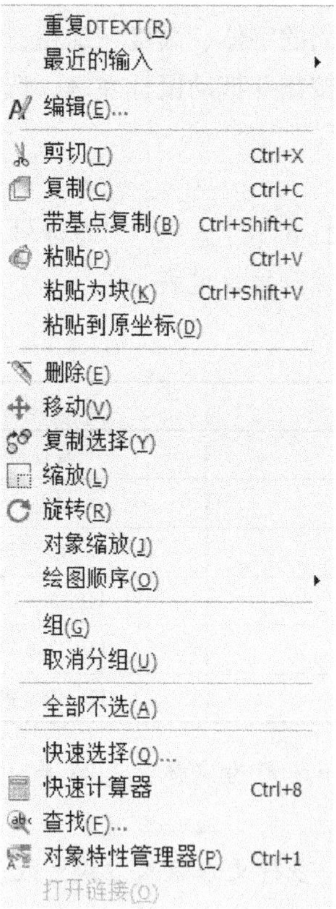

图 1-79　右键快捷菜单　　　　　图 1-80　"属性"对话框

注："对象特性管理器"还可以查看、修改 Line、Pline 等其他图形对象的属性。

6. 文本替换

CAD提供了文本查找替换功能，可以在当前图形文件中查找指定的文字并进行替换。具体操作步骤如下：

第1步： ◆ 鼠标左键单击下拉菜单栏【编辑】，点击【查找】。

图1-81　"查找"按钮

◆ 或者在"文字"工具栏(图1-71)点击"查找"按钮(图1-81)。

◆ 或者在命令行提示【命令：】栏输入：Find，并确认。

◆ 或者在右键快捷菜单(图1-79)中单击【查找】。

第2步： 此时系统弹出"图形搜索定位"对话框(图1-82)。

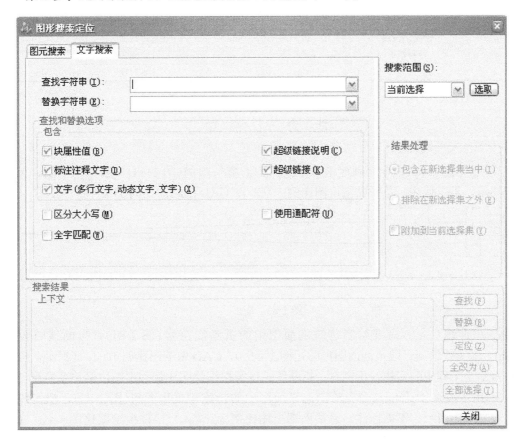

图1-82　"图形搜索定位"对话框

用户在该对话框中，分别输入查找和替换的文本字符串，在右侧搜索范围内指定搜索区域进行查找或替换。

用户还可以根据需要，在"查找和替换选项"栏对查找和替换功能进行设置。

单　元　小　结

本单元是CAD绘图的基础。首先简略介绍了CAD软件的功能和发展，然后初步认识了CAD的工作界面、常用操作、文件管理、坐标系统、图形界限设置、绘图辅助工具等基本常识，最后着重介绍了CAD软件的24个绘图命令和编辑命令，详见表1-5。

本单元用到的绘图命令和编辑命令   表 1-5

序号	命令功能	命令简写	序号	命令功能	命令简写
1	删除	E	13	绘制圆	C
2	删除恢复	Oops	14	绘制弧	A
3	放弃	U	15	绘制圆环	DO
4	多重放弃	Undo	16	绘制样条曲线	SPL
5	重做	Redo	17	图案填充	H
6	视图重画	R	18	创建块	B
7	图形重生成	Re	19	块存盘	W
8	绘制点	Po	20	设置文字样式	ST
9	绘制直线	L	21	注写单行文本	DT
10	绘制多段线	PL	22	注写多行文本	T
11	绘制矩形	REC	23	文本编辑	ED
12	绘制正多边形	POL	24	文本替换	Find

能 力 训 练 题

1. 用直线（Line）命令绘制建筑总平面图中的塔吊图例（图 1-83），细实线绘制，尺寸按照图示，不需标注。总平面图出图比例 1：500，CAD 中绘图比例 1：1。

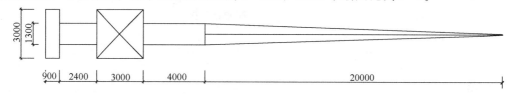

图 1-83　塔吊

2. 用直线（Line）命令绘制建筑剖面图中的折断线符号（图 1-84），折断线总长度 60mm，细实线绘制。建筑剖面图出图比例 1：100，CAD 中绘图比例 1：1。（提示：折断线符号不是工程中的实物，绘图时，折断线长度需根据绘图比例和出图比例关系换算。）

3. 用多段线（Polyline）命令绘制总平面图中的新建建筑物图例（图 1-85），粗实线绘制，尺寸按图所示，不需标注。总平面图出图比例 1：500，CAD 中绘图比例 1：1。（提示：绘图时，线宽需根据绘图比例和出图比例关系换算。）

4. 用多段线（Polyline）命令绘制建筑底层平面图中的剖切符号图例（图 1-86），剖切线为 6~10mm 长的粗实线，转折线为 4~6mm 长的粗实线。建筑底层平面图出图比例为 1：100，CAD 中绘图比例 1：1。（提示：除了线宽外，由于剖切符号不是工程中的实物，因此绘图时剖切线长度也需根据绘图比例和出图比例关系换算。）

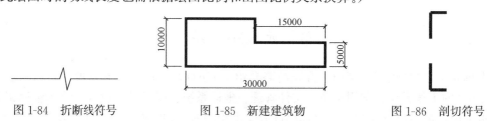

图 1-84　折断线符号　　　　图 1-85　新建建筑物　　　　图 1-86　剖切符号

5. 用正多边形(Polygon)命令(边长方式)绘制一个边长为 2000 的正六边形；再用正多边形(Polygon)命令(内接圆方式)绘制一个正六边形，内接圆半径为 2000。并与书中的示例 2 绘制的正六边形相比较，三个正六边形中哪两个大小是相同的。

6. 用直线(Line)命令、多段线(Polyline)命令、圆(Circle)命令绘制建筑平面图中的索引符号(图 1-87)。圆和水平直线均为细实线，圆直径为 10mm，剖切线为粗实线。建筑平面图出图比例为 1：100 ，CAD 中绘图比例 1：1。(提示：除了剖切线线宽外，由于索引符号不是工程中的实物，因此绘图时索引符号的大小也需根据绘图比例和出图比例关系换算。)

7. 用直线(Line)命令、弧(Arc)命令绘制建筑平面图中的双扇门图例(图 1-88)。门宽度为 1500mm。建筑平面图出图比例为 1：100 ，CAD 中绘图比例 1：1。(从第 7 题起，不再提示，请自己判断。)

8. 用圆环(Donut)命令绘制建筑详图中的详图符号(图 1-89)。圆为粗实线，直径 14mm。建筑详图出图比例为 1：20，CAD 中绘图比例 1：1。

9. 绘制扶手节点详图中的圆木扶手图样(图 1-90)，圆木直径 60mm。扶手外轮廓为粗实线，木材料图例为细实线。扶手节点详图出图比例为 1：5，CAD 中绘图比例 1：1。

图 1-87　索引符号　　图 1-88　双扇门　　图 1-89　详图符号　图 1-90　圆木扶手

10. 绘制节点详图中的梁断面(图 1-91)，填充钢筋混凝土材料图例，材料图例采用 2 种组合填充。梁断面尺寸 250×600mm。节点详图出图比例 1：20，CAD 中绘图比例 1：1。

11. 绘制建筑总平面图中的指北针图例(图 1-92)。圆为细实线，直径 24mm。字体采用仿宋体，图 1-92(a)字高 5mm，图 1-92(b)字高 7mm。绘制完毕，分别定义为块，块名自定，并做块存盘自己保存。总平面图出图比例 1：500，CAD 中绘图比例 1：1。

12. 绘制建筑平面图中的标高符号并标注数字(图 1-93)。标高符号为细实线，直角等腰三角形高度 3mm。数字字体采用仿宋体，字高 3mm，宽度比例 0.7。绘制完毕，将标高符号定义为块，块名"标高符号"，并做块存盘自己保存。建筑平面图出图比例 1：100，CAD 中绘图比例 1：1。

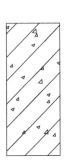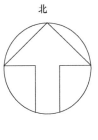

图 1-91　梁断面详图　　　图 1-92　指北针　　　图 1-93　标高

单元 2 绘 制 A2 图 框

2.1 命 令 导 入

CAD 在强大的绘图功能基础上，还具备丰富的图形编辑功能。图形编辑就是对图形进行复制、移动、修改、删除等操作。

系统提供了大量的图形编辑命令，比如单元 1.3.2～1.3.4 中介绍过的删除命令（Erase）、取消命令（Undo）、重做命令（Redo）、重生成命令（Redraw）。常用的图形编辑命令还有：移动命令（Move）、复制命令（Copy）、偏移命令（Offset）、分解命令（Explode）、修剪命令（Trim）等。

我们从本单元开始根据绘制任务的具体情况，将绘制时需要用到的编辑命令在绘图前的"命令导入"中进行详细介绍。

2.1.1 移动命令（Move）

1. 功能

移动命令（Move）可以将选择的对象移动到另一新的位置。

移动命令（Move）是 CAD 中使用最频繁的命令之一，也是最基础的编辑命令之一。

2. 操作步骤

第 1 步：◆ 鼠标左键单击下拉菜单栏【修改】，选择点击【移动】。

◆ 或者在"修改"工具栏点击"移动"按钮（图 2-1）。

图 2-1 "移动"按钮

◆ 或者在命令行提示【命令：】栏输入：Move 或 M，并确认。

第 2 步：此时命令行提示【选择移动对象：】，选择需要移动的图形对象，选择完毕后按【空格】键退出。

第 3 步：此时命令行提示【选择基点或［位移（D）］＜位移＞：】，用户指定基点或输入位移量。

注：（1）基点：基点是对象移动的基准点，可以在绘图区任意指定一点。

（2）位移：方向向量，输入坐标值（x，y，z），二维平面中 z 不需输入，系统自动赋值为 0。

第 4 步：此时命令行提示【指定第二个点或＜使用第一个点作为位移＞：】，用户指定一点为新的位置点，或者按【空格】键确认。图形对象移动完成，系统退出移动命令。

注：按【空格】键确认，表示采用默认设置移动对象，即基准点为被移动的对象，第 3 步中输入的坐标为移动的位移量。

3. 相关链接

（1）移动命令（Move）执行时并不会改变对象的尺寸。

(2) 移动命令(Move)操作过程中用户一般都会借助目标捕捉功能来确定移动位置。

2.1.2 复制命令(Copy)

1. 功能

复制命令(Copy)可以将选择的对象作一次或者多次复制。

复制命令(Copy)是 CAD 中使用最频繁的命令之一，也是最基础的编辑命令之一。

2. 操作步骤

第1步：◆ 鼠标左键单击下拉菜单栏【修改】，选择点击【复制】。

◆ 或者在"修改"工具栏点击"复制"按钮(图 2-2)。

◆ 或者在命令行提示【命令:】栏输入：Copy 或 CO、CP，并确认。

图 2-2 "复制"
(Copy)按钮

第2步：此时命令行提示【选择复制对象:】，选择需要复制的图形对象(我们在单元 1.2.6 中介绍过如何进行对象选择)，选择完毕后按【空格】键退出。

第3步：此时命令行出现两行提示，第一行【当前设置：复制模式 = 多个】，第二行【选择基点或[位移(D)/模式(O)]<位移>:】，用户指定基点或输入位移量。

如输入 O，命令行提示【输入复制模式选项 [单个(S)/多个(M)] <多个>:】，用户可将复制模式修改为单个，这样复制对象时只能复制一次。

第4步：此时命令行提示【指定第二个点或<使用第一个点作为位移>:】，这时分两种情况：

(1) 用户指定复制的位置，第 1 个复制对象完成。

(2) 如果第 3 步中用户输入位移量，这时直接按【空格】键确认，表示采用默认设置，将按照被复制的对象作为位移量基准点，复制对象完成，系统退出复制命令。

第5步：此时命令行提示【指定第二个点或[退出(E)/放弃(U)]<退出>:】，用户可以继续指定复制的位置，连续复制对象，直到复制完毕，按【空格】键退出。

如果复制位置有误，输入：U，可以逐步取消本次命令下的复制，直至回到第 4 步操作初始状态，用户重新指定复制的位置。

3. 相关链接

(1) 复制命令(Copy)是在同一个图纸文件中进行多次复制。如果要在不同图纸文件之间进行复制，应采用另一个复制命令(Copyclip)，即"标准"工具栏中的"复制"图标按钮(图 2-3)，或者采用快捷键：Ctrl+C。它将复制对象复制到 Windows 的剪贴板上，然后在另一个图纸文件中用粘贴命令(Pasteclip)，即"标准"工具栏中的"粘贴"图标按钮(图 2-4)，或者采用快捷键：Ctrl+V，将剪贴板上的内容粘贴到图纸中。

图 2-3 "复制"(Copyclip)按钮　　图 2-4 "粘贴"(Pasteclip)按钮

注：系统提供了复制粘贴的快捷操作方式，当自定义右键单击设置如图 2-21 所示时，单击鼠标右键，就可打开快捷命令，建议大家练习一下剪切、复制、粘贴、粘贴为块这几个命令选项，特别是剪切、粘贴为块 2 个命令，充分理解命令的功能。

(2) 复制时用户一般都会借助目标捕捉功能(单元 1.2.6 中介绍过)来确定复制的位置,非常方便快捷。

(3) 有规则的多次复制可用阵列命令(Array),我们将在单元 6 中再做介绍。

2.1.3 偏移命令(Offset)

1. 功能

偏移命令(Offset)可以将选择的对象进行偏移复制,也称为等距离复制。

2. 操作步骤

第 1 步: ◆ 鼠标左键单击下拉菜单栏【修改】,选择点击【偏移】。

图 2-5 "偏移"
按钮

◆ 或者在"修改"工具栏点击"偏移"按钮(图 2-5)。

◆ 或者在命令行提示【命令:】栏输入:Offset 或 O,并确认。

第 2 步: 此时命令行提示【指定偏移距离或 [通过(T)/拖拽(D)/删除(E)/图层(L)]<通过>:】,此处有多项操作可以选择,我们根据选项分别介绍后续操作步骤:

(1) 指定偏移距离:用户在第 2 步的提示栏中输入:偏移距离数值,并确认。

第 3 步: 此时命令行提示【选择要偏移的对象,或[退出(E)/放弃(U)] <退出>:】,用户选择需要偏移的对象。

第 4 步: 此时命令行提示【指定要偏移的那一侧上的点,或[退出(E)/多个(M)/放弃(U)] <退出>:】,用户根据需要输入选择项:

1) 当用户在要偏移的那一侧上直接指定一点,即在该侧复制了第 3 步中选择的对象。

2) 当用户输入:E,退出偏移命令操作。

3) 当用户输入:M,可连续偏移复制多次。

4) 当用户输入:U,取消上一个偏移命令操作。

(2) 通过(T):用户在第 2 步的提示栏中输入:T,并确认。

第 3 步: 此时命令行提示【选择要偏移的对象,或[退出(E)/放弃(U)] <退出>:】,用户选择需要偏移的对象。

第 4 步: 此时命令行提示【指定通过点或 [退出(E)/多个(M)/放弃(U)] <退出>:】,用户在绘图区指定一点,对象偏移复制完成,且通过该点。用户输入:M,可连续指定多个通过点,进行多次偏移复制。

(3) 拖拽(D):用户在第 2 步的提示栏中输入:D,并确认。

第 3 步: 此时命令行提示【选择要偏移的对象,或[退出(E)/放弃(U)] <退出>:】,用户选择需要偏移的对象。

第 4 步: 此时命令行提示【偏移对象到指定点 <按下 shift 键连续偏移>:】,用户拖拽着对象在绘图区指定一点,对象偏移复制完成,且通过该点。用户按下 shift 键,可连续指定多个点,进行多次偏移复制。

(4) 删除(E):用户在第 2 步的提示栏中输入:E,并确认。

第 3 步: 此时命令行提示【要在偏移后删除源对象吗? [是(Y)/否(N)] <否>:】,用户输入:Y,偏移命令完成后将删除源多项;用户输入:N,偏移命令完成后保留源对象。

（5）图层（L）：用户在第 2 步的提示栏中输入：L，并确认。

第 3 步：此时命令行提示【输入偏移对象的图层选项［当前（C）/源（S）］＜源＞:】，用户输入：C，偏移复制后的对象放置在当前图层；用户输入：S，或者直接按【空格】键确认，表示采用默认设置，偏移复制后的对象放置在源对象所在的图层。有关图层的概念我们将在单元 5 中再做详细介绍。

3. 相关链接

（1）偏移命令（Offset）选择的对象一次只能选择一个。

（2）偏移命令（Offset）选择的对象只能选择直线（Line）、多段线（Polyline）、矩形（Rectang）、正多边形（Polygon）、圆（Circle）、圆弧（Arc）、圆环（Donut）等，不能对点（Point）、图块（Block）、文本进行偏移复制。

（3）偏移命令（Offset）选择直线（Line）进行偏移复制，就相当于将直线平行移动一段距离后复制，偏移复制后的直线尺寸与源对象相同，不会改变。图 2-6(a)所示为将一段直线向上偏移复制 300 后的图形。

（4）偏移命令（Offset）选择对多段线（Polyline）、矩形（Rectang）、正多边形（Polygon）、圆（Circle）、圆弧（Arc）、圆环（Donut）、椭圆和曲线等进行偏移复制，就相当于同心复制，偏移复制后的对象与源对象同心，尺寸会发生改变。图 2-6(b)所示为分别将一多段线、圆、正多边形向外偏移复制 300 后的图形。

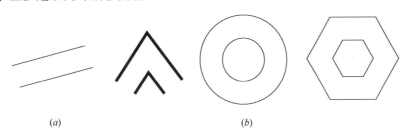

(a)　　　　　　　　　　　(b)

图 2-6　偏移复制

(a)直线偏移复制；(b)多段线、圆、正多边形偏移复制

2.1.4　分解命令（Explode）

1. 功能

分解命令（Explode）可以将多段线（Polyline）、矩形（Rectang）、正多边形（Polygon）、块、尺寸标注等复合对象分解为若干个基本组成对象。

2. 操作步骤

第 1 步：◆ 鼠标左键单击下拉菜单栏【修改】，选择点击【分解】。

图 2-7　"分解"
按钮

　　　　　◆ 或者在"修改"工具栏点击"分解"按钮（图 2-7）。

　　　　　◆ 或者在命令行提示【命令:】栏输入：Explode 或 X，并确认。

第 2 步：此时命令行提示【选择对象:】，用户选择需要分解的图形对象，并确认。

3. 相关链接

（1）分解命令（Explode）执行中用户可以连续选择多个对象进行分解。当选择的对象不能分解时，系统会提示不能分解。

（2）当具有一定宽度的多段线（Polyline）、矩形（Rectang）、圆环（Dount）分解后，系统将放弃原有的宽度信息，如图 2-8 所示。

（3）分解命令（Explode）分解带属性的图块（Block）后，将使图块的属性值消失，并还原为属性定义标签。有关属性的概念我们将在单元 3 中再做详细介绍。

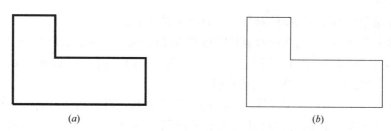

(a)　　　　　　　　　　(b)

图 2-8　Explode 命令分解多段线图形

(a)分解前图形；(b)分解后图形

2.1.5　修剪命令（Trim）

1. 功能

修剪命令（Trim）先指定一个剪切边界，然后利用此边界去修剪指定的对象。

2. 操作步骤

第 1 步：◆ 鼠标左键单击下拉菜单栏【修改】，选择点击【修剪】。

　　　　◆ 或者在"修改"工具栏点击"修剪"按钮（图 2-9）。

　　　　◆ 或者在命令行提示【命令：】栏输入：Trim 或 TR，并确认。

图 2-9　"修剪"按钮

第 2 步：此时命令行提示【选取切割对象作修剪＜回车全选＞：】，用户选择对象作为剪切边界，并确认。用户可连续选择多个对象作为边界。如直接回车，则选中当前图形中所有对象作为修剪边界。

第 3 步：此时命令行提示【选择要修剪的实体，或按住 Shift 键选择要延伸的实体，或［边缘模式（E）/围栏（F）/窗交（C）/投影（P）/删除（R）］：】，此处有多个选项，我们分别介绍：

（1）选择要修剪的实体：此项为默认选项，用户可直接选取需要修剪的对象。

（2）按住 Shift 键选择要延伸的实体：当选取的修剪对象与剪切边界没有相交时，该对象将自动延伸到剪切边界。

（3）边缘模式（E）：该选项可用于设置隐含的延伸边界来修剪对象，实际上边界和修剪对象并没有真正相交，系统会假想将剪切边界延长，然后再进行修剪。

（4）围栏（F）：以围栏方式选择，凡是与围栏相交的对象都被作为修剪对象。

（5）窗交（C）：以窗口方式选择，凡是与窗口相交的对象都被作为修剪对象。

（6）投影（P）：用来确定修剪执行的空间，此时可以将空间两个对象投影到某一平面上执行修剪操作。在二维平面绘图中我们不需要用到，此处不作展开。

（7）删除（R）：选择要删除的对象。

修剪命令（Trim）与 CAD 中很多命令一样，选项很多，实际操作时并不需要熟悉每一种方法，用户根据需要选择最为便捷的方式练习，能够熟练掌握几种最适合自己操作的方式就可以了。

3. 相关链接

（1）修剪命令（Trim）中剪切边界和修剪的对象可以选择除了图块（Block）、文本以外的任何对象，比如：直线（Line）、多段线（Polyline）、矩形（Rectang）、正多边形（Polygon）、圆（Circle）、圆弧（Arc）、圆环（Donut）等。

（2）修剪命令（Trim）执行中，允许将同一个对象既作为修剪边界，又作为修剪对象。

（3）有一定宽度的多段线被修剪时，修剪的交点按其中心线计算，且保留宽度信息；修剪后的多段线终点切口仍然是方的，切口边界与多段线的中心线垂直，如图 2-10 所示。

(a) (b)

图 2-10　Trim 命令修剪多段线

(a) 修剪前多段线；(b) 修剪后多段线

2.1.6　倒角命令（Chamfer）

1. 功能

倒角命令（Chamfer）就是用一条斜线连接两个不平行的对象。

2. 操作步骤

第 1 步：◆ 鼠标左键单击下拉菜单栏【修改】，选择点击【倒角】。

◆ 或者在"修改"工具栏点击"倒角"按钮（图 2-11）。

◆ 或者在命令行提示【命令：】栏输入：Chamfer 或 CHA，并确认。

图 2-11　"倒角"按钮

第 2 步：此时命令行提示【倒角(距离 1＝10，距离 2＝10)：设置(S)/多段线(P)/距离(D)/角度(A)/修剪(T)/方式(M)/多个(U)/＜选取第一个对象＞：】，用户选择第一条倒角的直线。

第 3 步：此时命令行提示【选取第二个对象：】，用户选择第二条倒角的直线，系统按当前倒角大小对两条直线修倒角。

以上 3 步是最常见的步骤，倒角命令（Chamfer）中还有其他选项，说明如下：

（1）设置（S）：弹出"绘图设置"对话框的"对象修改"选项卡，如图 2-12 所示，用户可在此选择倒角的方法，并设置相应的倒角距离和角度。

（2）多段线（P）：对多段线的各顶点（交角处）修倒角。

（3）距离（D）：设定倒角距离尺寸。

（4）角度（A）：根据第一个倒角距离和角度来设置倒角尺寸。

（5）修剪（T）：确定倒角的修剪状态，选择修剪倒角或者不修剪倒角，详图 2-13 所示。

（6）多个（M）：可以连续对多个对象修倒角。

（7）放弃（U）：取消上一次倒角操作，用户可连续向前返回。

倒角命令（Chamfer）中选项也很多，实际操作时用户根据需要灵活选择，掌握几种

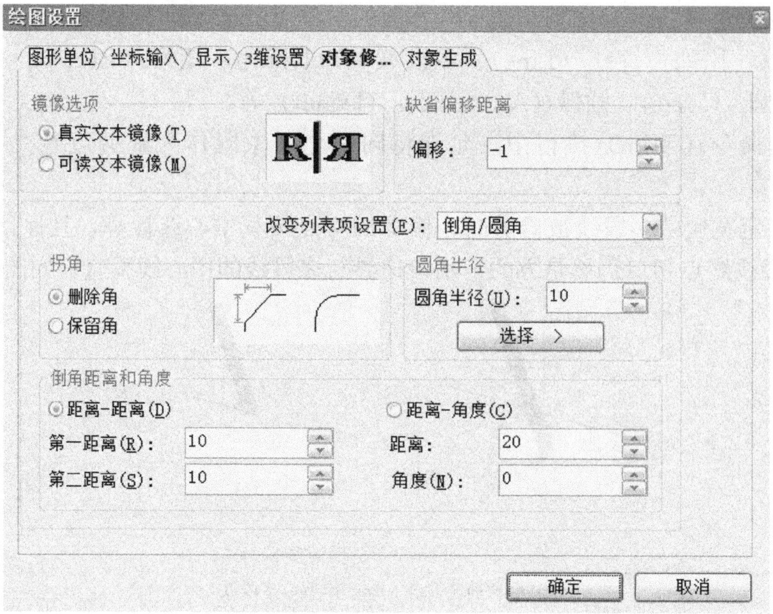

图 2-12　"对象修改"选项

方式能够熟悉应用即可。

3. 相关链接

（1）直线（Line）、多段线（Polyline）可以进行倒角，而圆（Circle）、圆弧（Arc）、圆环（Donut）等则不能做倒角处理，多段线（Polyline）绘制的圆弧也不可以。

（2）当两个倒角距离均为 0 时，倒角命令（Chamfer）将延伸两条直线使之相交，但是不产生倒角。如图 2-14 所示。

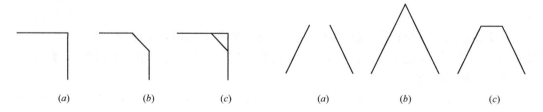

(a)	(b)	(c)	(a)	(b)	(c)

图 2-13　Chamfer 命令中的修剪（T）操作
(a) 倒角前；(b) 倒角后：修剪倒角；
(c) 倒角后：不修剪倒角

图 2-14　Chamfer 命令进行倒角
(a) 倒角前；(b) 倒角后：倒角距离为 0；
(c) 倒角后：倒角距离为 500

（3）默认状态下，延伸超出倒角的实体部分通常被删除。

（4）如果倒角对象在同一图层，倒角命令（Chamfer）在该层中进行。如果倒角对象在不同图层，倒角命令（Chamfer）将在当前图层进行。

2.1.7　圆角命令（Fillet）

1. 功能

圆角命令（Fillet）就是用一段指定半径的圆弧光滑地连接两个对象。

2. 操作步骤

第1步：◆ 鼠标左键单击下拉菜单栏【修改】，选择点击【圆角】。

◆ 或者在"修改"工具栏点击"圆角"按钮（图2-15）。   图2-15 "圆

◆ 或者在命令行提示【命令：】栏输入：Fillet 或 F，并确认。   角"按钮

第2步：此时命令行提示【圆角(F)（半径＝10）：设置(S)/多段线(P)/
半径(R)/修剪(T)/多个(U)/＜选取第一个对象＞】，用户选择第一个对象。

第3步：此时命令行提示【选取第二个对象：】，用户选择第二个对象，系统按当前半
径对两个对象进行圆角处理。

以上3步是最常见的步骤，圆角命令（Fillet）中其他选项说明如下：

（1）设置（S）：弹出"绘图设置"对话框的"对象修改"选项卡，如图2-12所示。

（2）多段线（P）：对多段线的各顶点（交角处）进行圆角操作。

（3）半径（R）：设定圆角半径。

（4）修剪（T）：确定圆角的修剪状态，选择修剪圆角或者不修剪圆角。

（5）多个（U）：可以连续对多个对象进行圆角操作。

3. 相关链接

（1）直线（Line）、多段线（Polyline）可以进行圆角操作，而圆（Circle）、圆弧
（Arc）、圆环（Donut）等则不能做圆角处理，多段线（Polyline）绘制的圆弧也不可以。

（2）两个平行的对象不可以做倒角操作，但是可以做圆角操作。两个平行的对象进行
圆角操作时，连接对象的圆弧为一个半圆，半径值无需输入，系统按照平行对象之间的距
离自动定义，即半径为平行线距离的一半，如图2-16所示。

(a)   (b)

图2-16 对平行直线进行圆角
(a) 圆角前；(b) 圆角后

（3）当圆角半径为0时，圆角命令（Fillet）将延伸两条非平行直线使之相交，但不产生倒圆。

（4）默认状态下，延伸超出圆角的实体部分通常被删除。

（5）如果圆角对象在同一图层，圆角命令（Fillet）在该层中进行。如果圆角对象在不同图层，圆角命令（Fillet）将在当前图层进行。

2.1.8 多段线编辑命令（Pedit）

1. 功能

多段线编辑命令（Pedit）用于对多段线进行编辑修改。

多段线编辑命令（Pedit）的功能比较多，它也是CAD绘图中使用频繁的一个编辑
命令。

2. 操作步骤

第1步：◆ 鼠标左键单击下拉菜单栏【修改】，光标移至【对象】，
选择点击【多段线】。   图2-17 "编辑

◆ 或者在"修改Ⅱ"工具栏点击"编辑多段线"按钮   多段线"按钮
（图2-17）。

◆ 或者在命令行提示【命令：】栏输入：Pedit 或 PE，并确认。

第 2 步：此时命令行提示【选择多段线(S)＼上一个(L)或[多条(M)]：】，用户直接选取 1 条需要编辑的多段线；如果有多条需要编辑，则先输入：M，并确认，在后续提示【选择编辑的多段线：】下选取多个对象，选取完毕按【空格】键结束。

第 3 步：此时命令行提示【编辑顶点(E)/闭合(C)/非曲线化(D)/拟合(F)/连接(J)/线型模式(L)/反向(R)/样条(S)/锥形(T)/宽度(W)/撤销(U)/＜退出(X)＞：】，各选项说明如下：

（1）编辑顶点（E）：对多段线的各个顶点逐个进行编辑。

（2）闭合（C）：闭合一条开口的多段线。

（3）非曲线化（D）：将用拟合（F）或样条曲线（S）编辑过的多段线恢复成原来的形状。但是对于带有圆弧的多段线拟合后，原来的圆弧已经修改，无法恢复，可用放弃（U）选项，恢复成原来的多段线。

（4）拟合（F）：用圆弧曲线拟合多段线。如图 2-18（b）所示。

（5）连接（J）：将其他多条相连的多段线、直线、圆弧连接到正在编辑的多段线上，从而合并成一条多段线。

（6）线型模式（L）：控制多段线各角点的线型连续性，用于线型为虚线、点画线等非实线状态的多段线。

（7）反向（R）：改变多段线的方向。

（8）样条（S）：用样条曲线拟合多段线。如图 2-18（c）所示。

（9）锥形（T）：通过定义多段线起点和终点的宽度来创建锥状多段线。

（10）宽度（W）：设置多段线的宽度。一条多段线只能有一个宽度。

（11）撤销（U）：取消上次操作，用户可连续向前返回。

（12）退出（X）：退出 PEDIT 命令。

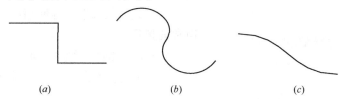

(a)   (b)   (c)

图 2-18　Pedit 命令进行多段线编辑

(a) 编辑前；(b) 拟合（F）编辑后；(c) 样条曲线（S）编辑后

3. 相关链接

多段线编辑命令（Pedit）执行时如果选取的对象不是多段线，系统会在命令行提示：【选择的对象不是多段线】，【是否将其转换为多段线？＜Y＞】，确认后，系统将其变为多段线就可以进行编辑修改。

利用此功能，我们可以将直线（Line）、圆弧（Arc）命令绘制的线条先转化成多段线，然后再进行线宽修改等编辑，但是圆（Circle）、椭圆（Ellipse）等不能转换为多段线。

2.2 工 作 任 务

2.2.1 任务要求

用 CAD 绘制 A2 图框，参考样图如图 2-19 所示。

2.2.2 绘图要求

1. 出图比例为 1∶100。

2. A2 图框的标准图幅尺寸为 594mm×420mm，装订边间距为 25mm，其余三边幅面线与图框线的间距为 10mm。标题栏详见图 2-28，会签栏详见图 2-31。

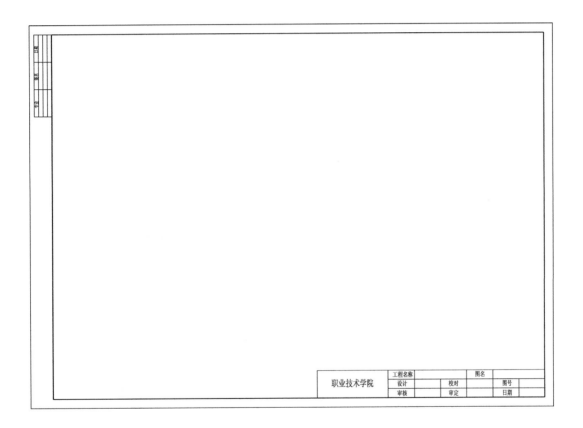

图 2-19　A2 图框

3. 字体采用仿宋体，标题栏小字高度 5mm，大字高度 7mm，会签栏字体高度 3.5mm。

注：绘图要求中的尺寸及文字高度均为实际出图后的大小，根据出图比例 1∶100，绘制时需将绘图要求中的尺寸及高度放大 100 倍进行绘图。

2.3 绘 图 步 骤

2.3.1 设置绘图环境

1. 设置图形界限（Limits）

对于初学者来说，为了避免图形跑到视图区外造成绘图不便，可以预先对绘图区进行设置，设置绘图区的尺寸应大于需要绘制图形的大小，保证图形都在可视的绘图区内。根据绘图要求，出图比例为 1：100，出图后 A2 图框的图幅实际尺寸为 594mm×420mm，因此绘图时要将实际尺寸放大 100 倍，本图纸设置的图形界限大小为 80000mm×60000mm。

注：在建筑工程图中，一般未做说明的尺寸单位均为 mm。我们在后面的绘图过程中如果未特别说明，则尺寸单位均为 mm。

设置图形界限的操作步骤如下：

第 1 步：◆ 选择下拉菜单【格式】/【图形界限】菜单项，

◆ 或者在命令行提示【命令：】栏输入：LIMITS，按【空格】键确认。

第 2 步：此时命令行提示【限界关闭：打开(ON)/<左下点><0，0>：】，按【空格】键确认。

注：[开(ON)/关(OFF)]选项用于控制界限检查功能的开关。我们在单元 1.2.5 中曾经介绍过，此处不再赘述。

第 3 步：此时命令行提示【右上点 <420，297>：】，输入：80000，60000，并确认。

第 4 步：在命令行窗口提示【命令：】栏输入：Z，并确认。

第 5 步：此时命令行出现两行提示，第一行【输入比例因子 (nX 或 nXP)，或者】，第二行【缩放：放大(I)/缩小(O)/全部(A)/动态(D)/中心(C)/范围(E)/左边(L)/前次(P)/右边(R)/窗口(W)/对象(OB)/比例(S)/<实时>：】，输入：A，并确认。

此时全屏显示所设定的图形界限，绘图区显示区域略大于图形界限的大小。图形界限设置完毕。

2. 隐藏 UCS 图标

CAD 在默认的情况下是显示世界坐标系统 WCS 图标的，如果用户觉得图标影响图形显示，可以使用菜单设置将其隐藏。操作步骤：

鼠标左键单击下拉菜单栏【视图】，移动光标到【显示】→【UCS 图标】→【开】并点击，将其前面的"√"去掉，如图 2-20 所示。

3. 设置鼠标右键和拾取框

鼠标右键可以替代【Enter】键或者其他命令的确认功能，使用鼠标右键来确认命令非常方便，可以提高绘图速度，但是需要在绘图之前进行右键设置。操作步骤：

第 1 步：鼠标左键单击下拉菜单栏【工具】，移动光标到【选项】单击，在弹出的选项对话框里单击【用户系统配置】按钮，对话框变成如图 2-21 所示界面。

第 2 步：点击【自定义右键单击】按钮，弹出"自定义右键单击"对话框（图 2-22）。用户可根据自己的绘图习惯进行设置，比如在【默认模式】选中"重复上一个命令"，【编

图 2-20　UCS图标开关下拉菜单

图 2-21　"选项"对话框

辑模式】选中"快捷菜单",在【命令模式】选中"确认",设置完毕点击【应用并关闭】按钮退出。

　　第 3 步:在"选项"对话框里单击【选择】按钮,对话框变成如图 2-23 所示界面,用户可设置拾取框大小,用鼠标左键拖动拾取框右边的滑块到适当位置,最后点击【确定】退出。

　　4. 设置对象捕捉

　　CAD 提供了端点、中点、中心、交点、切点等多种对象捕捉模式,用户需要根据自己的绘图习惯,在绘图前进行对象捕捉设置。操作步骤:

　　鼠标右键单击状态行【对象捕捉】按钮,选择【设置】单击,弹出如图 2-24 所示对话框,可以勾选端点、中点、中心、垂足、交点选项,然后点击【确定】退出。

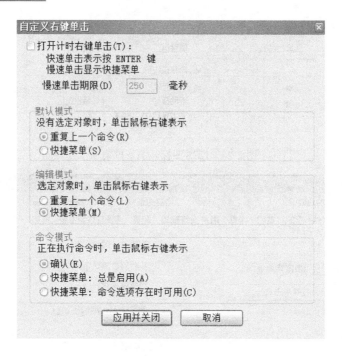

图 2-22　"自定义右键单击"对话框

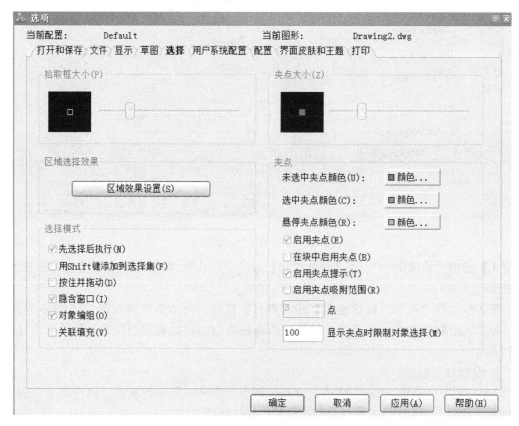

图 2-23　"选择"对话框

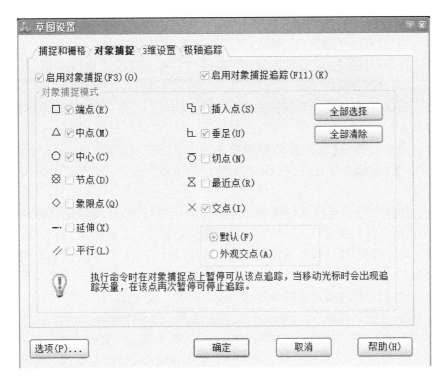

图 2-24　"对象捕捉设置"对话框

2.3.2　绘制图幅线

用矩形（Rectang）命令绘制图幅线。

第 1 步：打开状态行中的【正交】按钮。

第 2 步：在命令行提示【命令：】栏输入：REC，并确认。

第 3 步：此时命令行提示【倒角（C）/标高（E）/圆角（F）/厚度（T）/宽度（W）/＜选取方形的第一点＞：】，输入：0，0，并确认。

第 4 步：此时命令行提示【指定另一个角点或［面积（A）/尺寸（D）/旋转（R）］：】，用户输入：59400，42000，并确认。A2 图幅线绘制完毕。

如当前视图不能看清图幅线，用户可执行视图缩放命令，比如在【命令：】栏输入：Z，并确认，并在后续提示中输入：E。就能看到图 2-25 所示的图幅线。

图 2-25　A2 图幅线

2.3.3　绘制图框线

1. 分解图幅线

第 1 步：在命令行窗口提示【命令：】栏输入：X，并确认。图幅线分解成 4 条线段。

注：为讲述方便，我们将这 4 条线段分别命名为 AB、BC、CD、AD。

2. 偏移图幅线

第 1 步：命令行提示【命令：】栏输入：O，并确认。

第 2 步：命令行提示【指定偏移距离或［通过(T)/拖拽(D)/删除(E)/图层(L)］<通过>】，输入：2500，并确认。

第 3 步：命令行提示【选择要偏移的对象，或［退出(E)/放弃(U)］<退出>】，鼠标左键选取线段 AB。

第 4 步：命令行提示【指定要偏移的那一侧上的点，或［退出(E)/多个(M)/放弃(U)］<退出>】，鼠标左键在线段 AB 右侧任意的位置点击，得到线段 A′B′，并按【空格】键退出。

第 5 步：按【空格】键再次执行偏移命令，此时命令行提示【指定偏移距离或［通过(T)/拖拽(D)/删除(E)/图层(L)］<2500>】下输入：1000，并确认。

第 6 步：命令行提示【选择要偏移的对象，或［退出(E)/放弃(U)］<退出>】，鼠标左键点击线段 BC。

第 7 步：命令行提示【指定要偏移的那一侧上的点，或［退出(E)/多个(M)/放弃(U)］<退出>】，鼠标左键在线段 BC 下方的任意位置点击，得到线段 B′C′。

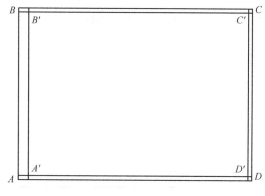

图 2-26　偏移图幅线

第 8 步：重复第 6 步、第 7 步操作，依次将线段 CD 向左偏移、线段 AD 向上偏移，得到线段 C′D′、段 A′D′后，按【空格】键退出。此时完成如图 2-26 所示的图形。

3. 修剪图框线

修剪图框线有多种方式，比如修剪命令(Trim)、倒角命令(Chamfer)、圆角命令(Fillet)。这里我们详细讲述采用圆角命令(Fillet)修剪图框线。还有 2 种方式大家可以自行练习，比较一下哪一种方式更为便捷。

第 1 步：命令行提示【命令：】栏输入：F，并确认。

第 2 步：命令行提示【圆角(F)(半径=10)：设置(S)/多段线(P)/半径(R)/修剪(T)/多个(U)/<选取第一个对象>】，输入：R，并确认。

第 3 步：命令行提示【圆角半径<10>：】，输入：0，并确认。

第 4 步：命令行提示【圆角(F)(半径=0)：设置(S)/多段线(P)/半径(R)/修剪(T)/多个(U)/<选取第一个对象>】，鼠标左键选取线段 A′B′。

第 5 步：命令行提示【选取第二个对象：】，鼠标左键选取线段 B′C′。图框线左上角点修剪完毕。

第 6 步：按【空格】键再次执行圆角命令，重复第 2 步、第 3 步操作，将图框另外 3 个角修剪完毕。此时完成如图 2-27 所示的图形。

注：大家也可以在第 2 步中输入：M，练习连续对多个对象进行圆角操作，修剪速度会更快。

4. 加粗图框线

按照制图标准，图框线为特粗线，线宽一般为 1mm 左右。按照 1：100 出图比例，我们绘图时放大 100 倍，线宽设置为 100mm。下面采用多段线编辑命令（Pedit）加粗图框线。

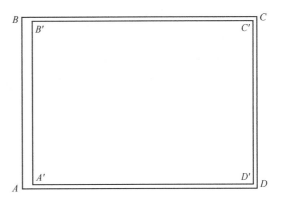

图 2-27 A2 图幅图框

第 1 步：命令行提示【命令：】栏输入：PE，并确认。

第 2 步：命令行提示【选择多段线（S）\ 上一个（L）［多条（M）］：】，输入：M，并确认。

第 3 步：命令行提示【选择编辑的多段线：】，鼠标左键选取图框线的 4 条线段，并确认。

第 4 步：命令行提示【选择的对象不是多段线．将它转化吗？＜Y＞】，确认。

第 5 步：命令行提示【编辑多段线：闭合（C）/打开（O）/合并（J）/宽度（W）/拟合（F）/样条曲线（S）/非曲线化（D）/放弃（U）/＜退出＞：】，输入：W，并确认。

第 6 步：命令行提示【输入所有分段的新宽度：】，输入：100，并确认。按【空格】键退出。图框线加粗完毕。

2.3.4 绘制标题栏

图纸右下角都有标题栏，本图框中的标题栏样式按图 2-28 所示绘制。

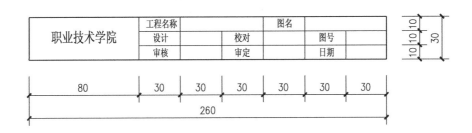

图 2-28 标题栏

1. 绘制标题栏外框线

用矩形（Rectang）命令绘制标题栏外框线。

第 1 步：命令行提示【命令：】栏输入：REC，并确认。

第 2 步：此时命令行提示【倒角（C）/标高（E）/圆角（F）/厚度（T）/宽度（W）/＜选取方形的第一点＞：】，鼠标左键在图框线内绘图区任意选取一点。

第 3 步：此时命令行提示【指定另一个角点或［面积（A）/尺寸（D）/旋转（R）］：】，用户输入：@26000，3000，并确认。标题栏外框线绘制完毕。

2. 绘制标题栏分格线

先用分解命令（Explode）分解外框线，再用偏移命令（Offset）得到分格线，局部分格线采用修剪命令（Trim）进行修剪。

3. 加粗标题栏外框线

按照制图标准，标题栏外框线为粗实线，线宽一般为 0.5mm 左右。采用多段线编辑命令（Pedit）加粗，按照 1：100 出图比例，线宽设置为 50mm。

4. 标注文字

（1）设置文字样式

用设置文字样式（Style）命令定义一个新字体，样式名称为仿宋宋体，宽度比例 0.7。

第 1 步：在命令行窗口提示【命令：】下输入：ST，并确认。

第 2 步：系统弹出"字体样式"对话框，用户单击【新建】按钮，在弹出的"新文字样式"对话框中输入样式名为：仿宋体，然后单击"确定"按钮。

第 3 步：系统返回到"字体样式"对话框，字体名选择：仿宋，宽度比例设置为：0.7。设置完成后如图 2-29 所示。

图 2-29 "文字样式"设置

第 4 步：上述各项完成后，单击【应用】按钮，再单击【确定】按钮，对话框关闭。文字样式设置完毕。文本注写时将按当前设置的文字样式注写。

（2）注写文字

用注写单行文本（Text）命令注写标题栏内的文字。绘图要求中规定标题栏内小字高度 5mm，根据出图比例 1：100，设置字体高度为 500mm。

第 1 步：命令行提示【命令：】下输入：DT，并确认。

第 2 步：命令行提示【当前文字样式："仿宋体"文字高度：2.5000 文字：对正(J)/样式(S)/＜起点＞：】，鼠标左键单击任意点作为起点。

第 3 步：命令行提示【字高 ＜2.5＞：】，输入：500，并确认。

第 4 步：命令行提示【文字旋转角度 ＜0＞：】，直接确认。

第 5 步：用户输入标题栏内的文字，可换行输入多行文字，输完按【空格】键退出。文本注写完毕。

（3）移动文字

用移动命令（Move）将注写好的文字移入标题栏内适当位置，注意对齐。

注：移动文字时不易对齐，在本次操作中也可先注写好"工程名称"，并移动到格子适当位置，再复制到其他格子内相同位置，然后鼠标左键双击需要修改的文字，进行修改。

5. "标题栏"块存盘

标题栏绘制好后，因为标题栏内包含很多图形对象，为方便移动，我们用创建块（Block）命令将标题栏定义为块。按照建筑制图标准，A1～A4 图框的标题栏都是相同的，因此我们用块存盘（WBlock）命令，将定义好的"标题栏"块以图形文件（标题栏.dwg）的形式再进行块存盘，可供绘制其他图框文件时调用。

（1）创建"标题栏"块

第 1 步：命令行提示【命令:】栏输入：B，并确认。

第 2 步：系统弹出"块定义"对话框，输入新定义的块名：标题栏。

第 3 步：单击"块定义"对话框中的【选择对象】按钮，系统切换到绘图区，选择标题栏的所有图形对象，并确认。

第 4 步：系统又切换到"块定义"对话框，单击【拾取点】按钮，系统切换到绘图区，指定标题栏右下角点为块的插入基点。

第 5 步：系统又切换到"块定义"对话框，单击【确定】按钮。"标题栏"块创建完毕。

（2）"标题栏"块存盘

第 1 步：命令行提示【命令:】栏输入：W，并确认。

第 2 步：系统弹出"写块"对话框。选中"块"，并在下拉菜单中找到刚才定义好的块名"标题栏"，设置好自己收藏块文件的路径。如图 2-30 所示。单击【确定】按钮，"标题栏"块存盘完毕。

（3）"标题栏"块移动

用移动命令（Move）将"标题栏"块移到图框右下角。另外，需要会签的图纸还要绘制会签栏，样式可参考图 2-31，会签栏内的字体高度为 3.5mm。

注：会签栏可以按照图框中的布置要求，按照图 2-31 旋转 90°的样式绘制，也可以按图绘制完毕后进行旋转，旋转命令将在单元 3 中介绍，此处大家可以输入 RO 命令，按照命令行提示，自学练习。

2.3.5 保存图形

保存图形的快捷键为 Ctrl+S，按下快捷键，由于当前图形文件没有命名，系统弹出"图形另存为"对话框，此时对话框中【文件名】显示默认图形文件名（Drawing N），在此输入图形文件名：A2 图框，并选择图形文件保存路径，完成后单击"保存"按钮。

图 2-30　写"标题栏"块

图 2-31　会签栏

单　元　小　结

本单元引入 8 个新的编辑命令：移动命令（Move）、复制命令（Copy）、偏移命令（Offset）、分解命令（Explode）、修剪命令（Trim）、倒角命令（Chamfer）、圆角命令（Fillet）、多段线编辑命令（Pedit），以及绘图环境的设置介绍。

在此基础上，我们学习了 A2 图框的绘制方法，绘图顺序一般是先整体、后局部，先图样、后标注。

在本单元中用到的绘图和编辑命令如表 2-1 所示。

本单元用到的绘图和编辑命令　　　　　　　　　　　　　　　　表 2-1

序号	命令功能	命令简写	序号	命令功能	命令简写
1	绘制矩形	REC	6	创建块	B
2	偏移	O	7	块存盘	W
3	分解	X	8	多段线编辑命令	PE
4	圆角命令	F	9	设置文字样式	ST
5	移动	M	10	注写单行文本	DT

能 力 训 练 题

1. 绘制一个标准 A3 图框，如图 2-32 所示，出图比例为 1∶100。

(1) A3 图框的标准图幅尺寸为 420mm×297mm，装订边间距为 25mm，其余三边幅面线与图框线的间距为 5mm。

(2) 标题栏字体采用仿宋体，小字高度 5mm，大字高度 7mm。标题栏具体尺寸自己设计，会签栏不需要绘制。

ＸＸＸ建筑工程有限公司		工程项目	ＸＸＸ住宅工程		
审 核		校 对	施工现场平面布置图	工程号	08-112
项目负责		设 计		日 期	2008.05
专业负责		制 图		共 1 张	第 1 张

图 2-32　A3 图框

单元3 绘制施工现场平面布置图

3.1 命 令 导 入

3.1.1 镜像命令 (Mirror)

1. 功能

镜像命令（Mirror）可以绕指定轴翻转对象，创建关于某轴对称的图形。对于轴对称图形，可以先绘制半个对象，然后将其镜像得到整个图形，从而提高绘图效率。移动命令

2. 操作步骤

第1步：◆ 鼠标左键单击下拉菜单栏【修改】，选择点击【镜像】。

◆ 或者在"修改"工具栏点击"镜像"按钮（图3-1）。

◆ 或者在命令行提示【命令:】栏输入：Mirror 或 MI，并确认。

图 3-1 "镜像"按钮

第2步：此时命令行提示【选择对象:】，选择需要镜像的图形对象，选择完毕后按【空格】键退出。

第3步：此时命令行提示【指定镜面线的第一点:】，用户点击镜像线的第一点。

第4步：此时命令行提示【指定镜面线的第二点:】，用户点击镜像线的第二点。

第5步：此时命令行提示【要删除源对象吗？［是(Y)/否(N)］＜N＞:】，如果需要删除原对象，输入：Y，并确认，如果要保留原对象，可以直接按【空格】键结束。

3. 相关链接

在默认情况下，时，文字的方向也会反转，此时文字不可读。

施工图 图工施

例如，将文字"施工图"沿竖直轴线镜像得到图形如图3-2所示。

图 3-2 反转镜像文字

可在命令行输入：MirrText，确认后命令行提示【MirrText 的新当前值(关闭(OFF)或打开(ON))＜打开(ON)＞ :】，输入新值为 OFF，镜像之后的文字就不会反转。

3.1.2 旋转命令 (Rotate)

1. 功能

旋转命令（Rotate）用于将指定对象绕给定的基点和角度进行旋转。

2. 操作步骤

第1步：◆ 鼠标左键单击下拉菜单栏【修改】，选择点击【旋转】。

◆ 或者在"修改"工具栏点击"旋转"按钮（图3-3）。

◆ 或者在命令行提示【命令:】栏输入：Rotate 或 RO，并确认。

第 2 步：此时命令行提示【选择对象：】，选择需要旋转的图形对象，选择完毕后按【空格】键退出。

第 3 步：此时命令行提示【指定基点：】，用户输入基点。

图 3-3　"旋转"按钮

第 4 步：此时命令行提示【指定旋转角度，或［复制(C)/参照(R)］<0>：】，此处有多项操作可以选择，各选项说明如下：

（1）指定旋转角度：用户输入想要旋转的角度数值并按【空格】键结束，选定对象会绕基点旋转该角度。

（2）复制（C）：以复制的形式旋转对象，即创建出旋转对象后仍在原位置保留原对象。

（3）参照（R）：以参照的方式旋转对象。

3. 相关链接

在默认情况下，角度为正值时沿逆时针方向旋转，反之沿顺时针方向旋转。

3.1.3　缩放命令（Scale）

1. 功能

缩放命令（Scale）用于将指定对象按给定的比例进行放大或缩小。

2. 操作步骤

第 1 步：◆ 鼠标左键单击下拉菜单栏【修改】，选择点击【缩放】。

　　　　　◆ 或者在"修改"工具栏点击"缩放"按钮（图 3-4）。

图 3-4　"缩放"按钮

　　　　　◆ 或者在命令行提示【命令：】栏输入：Scale 或 SC，并确认。

第 2 步：此时命令行提示【选择对象：】，选择需要缩放的图形对象，选择完毕后按【空格】键退出。

第 3 步：此时命令行提示【指定基点：】，用户输入基点。

第 4 步：此时命令行提示【指定比例因子或［复制(C)/参照(R)］<1.0000>：】，此处有多项操作可以选择，各选项说明如下：

（1）指定比例因子：确定缩放比例因子为默认项。若执行该项，即输入比例因子后按【空格】键确认，对象将按该比例相对于基点放大或缩小，当比例因子＞1 时，放大选定对象，当 0＜比例因子＜1 时，缩小选定对象。

（2）复制（C）：以复制的形式缩放对象，即创建一个缩放对象，但原对象仍在原位置保留。

（3）参照（R）：以参照的方式缩放对象。

3.1.4　拉伸命令（Stretch）

1. 功能

拉伸命令（Stretch）用于拉伸或压缩指定对象，使其长度和形状发生变化。

2. 操作步骤

第 1 步：◆ 鼠标左键单击下拉菜单栏【修改】，选择点击【拉伸】。

　　　　　◆ 或者在"修改"工具栏点击"拉伸"按钮（图 3-5）。

◆ 或者在命令行提示【命令:】栏输入：Stretch 或 S，并确认。

图 3-5　"拉伸"按钮

第 2 步：此时命令行提示【用相交窗口或相交多边形选择对象:】，以交叉窗口或交叉多边形的方式选择需要拉伸的图形对象，选择完毕后按【空格】键退出。

第 3 步：此时命令行提示【指定基点或［位移(D)]＜位移＞:】，用户指定基点。

第 4 步：此时命令行提示【指定第二个点或 ＜使用第一个点作为位移＞:】，用户指定第二个点后，对象将沿着基点与第二个点的方向拉伸。如果在该提示下沿某一方向拉伸任意距离，并输入指定数值，对象将沿该方向拉伸该指定数值的长度。如图 3-6 所示。

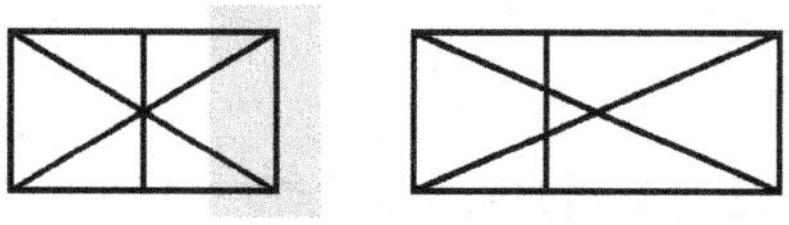

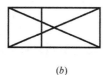

图 3-6　拉伸对象

(a) 拉伸前；(b) 拉伸后

3. 相关链接

(1) 拉伸操作时，必须以交叉窗口或交叉多边形的方式选择需要拉伸的图形对象端点，其他方式无效。

(2) 在交叉窗口或多边形内的端点才会移动位置。窗选时如将对象全部选中，则该对象的拉伸操作相当于移动该对象。

(3) 拉伸操作对圆、文字、图块等不适用。

3.1.5　特性 (Properties)

1. 功能

特性 (Properties) 用于查看或修改指定对象的颜色、线型、线型比例、线宽、图层等基本属性及几何特性。

2. 操作步骤

第 1 步：◆ 鼠标左键单击下拉菜单栏【修改】，选择点击【对象特性管理器】。

图 3-7　"特性"按钮

◆ 或者在"修改"工具栏点击"特性"按钮 (图 3-7)。

◆ 或者在命令行提示【命令:】栏输入：Properties 或 MO，并确认。

第 2 步：此时屏幕的左上角弹出如图 3-8 所示的特性对话框，在对话框里可以查看被选对象的基本属性和几何特性，还可以在这里修改被选对象的基本属性和几何特性。

3.1.6　线型 (LineType)

1. 功能

线型 (LineType) 用于对线型进行设置和管理，以满足国家制图标准。

2. 操作步骤

第 1 步：◆ 鼠标左键单击下拉菜单栏【格式】，选择

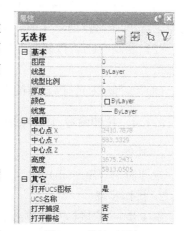

图 3-8　特性对话框

点击【线型】。

◆ 或者在"特性"工具栏的线型控制下拉框点击"其他"按钮（图 3-9）。

◆ 或者在命令行提示【命令:】栏输入：LineType 或 LT，并确认。

第 2 步：此时弹出如图 3-10 所示的【线型管理器】对话框，点击对话框右上角的
【加载】按钮。

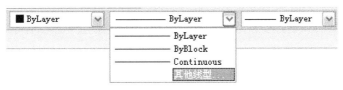

图 3-9　线型控制下拉框

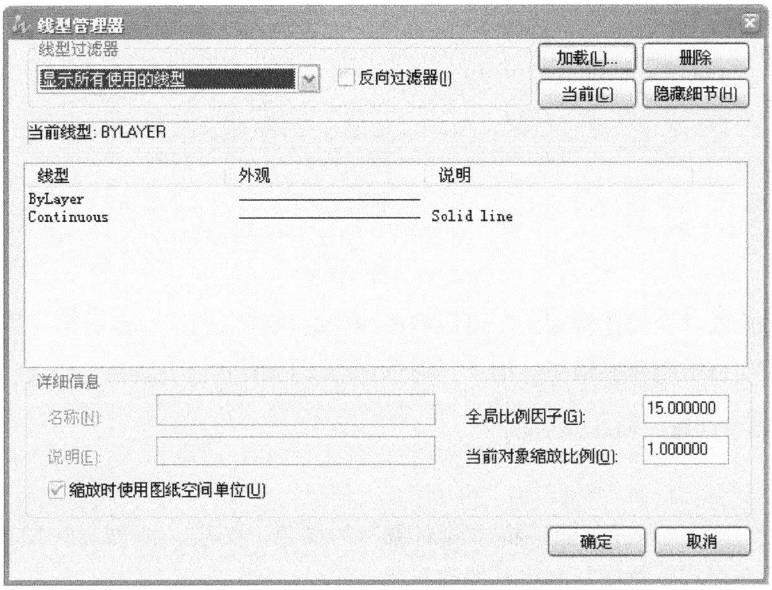

图 3-10　线型管理器对话框

第 3 步：此时弹出如图 3-11 所示的【加载线型】对话框，在该对话框里选中需要的
线型，并点击【确定】退出。

第 4 步：此时被加载的线型将显示在线型控制下拉框里，选择对象，在线型控制下拉
框里点击需要的线型，对象的线型将将被修改，如图 3-12 所示。

3.1.7　线型比例（Ltscale）

1. 功能

线型比例（Ltscale）用于设置虚线、点划线等的疏密程度。

2. 操作步骤

第 1 步：◆ 鼠标左键单击下拉菜单栏【格式】，选择点击【线型】。

◆ 或者在命令行提示【命令:】栏输入：Ltscale 或 LTS，并确认。

第 2 步：用第一步的第一种方式调用命令时，将弹出如图 3-10 所示的【线型管理器】

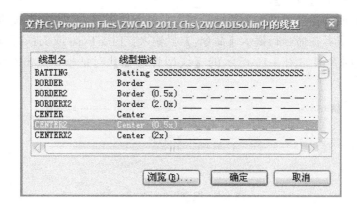

图 3-11 线型加载对话框

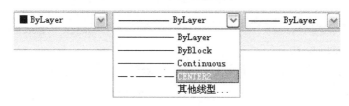

图 3-12 修改线型

对话框，通过修改"全局比例因子"可以修改线型的比例。用第一步的第一种方式调用命令时，会在命令行给出相应提示，用户可以按提示进行操作。

3.1.8 特性匹配（Matchprop）

1. 功能

特性匹配（Matchprop）能够将"源对象"的颜色、图层、线型、线型比例、线宽、文字样式、标注样式等特性复制给其他的对象。

2. 操作步骤

第 1 步： ◆ 鼠标左键单击下拉菜单栏【修改】，选择点击【特性匹配】。

图 3-13 "特性匹配"按钮

◆ 或者在"修改"工具栏点击"特性匹配"按钮（图 3-13）。

◆ 或者在命令行提示【命令：】栏输入：Matchprop 或 MA，并确认。

第 2 步： 点击"源对象"，接着点击需要赋予相同属性的对象。

3.2 工 作 任 务

3.2.1 任务要求

用 CAD 绘制施工现场平面布置图，参考样图如图 3-14 所示。施工现场围墙内平面尺寸：东西方向 120m，南北方向 83m；外框线尺寸长为 160m，宽为 112m；拟建的两幢建

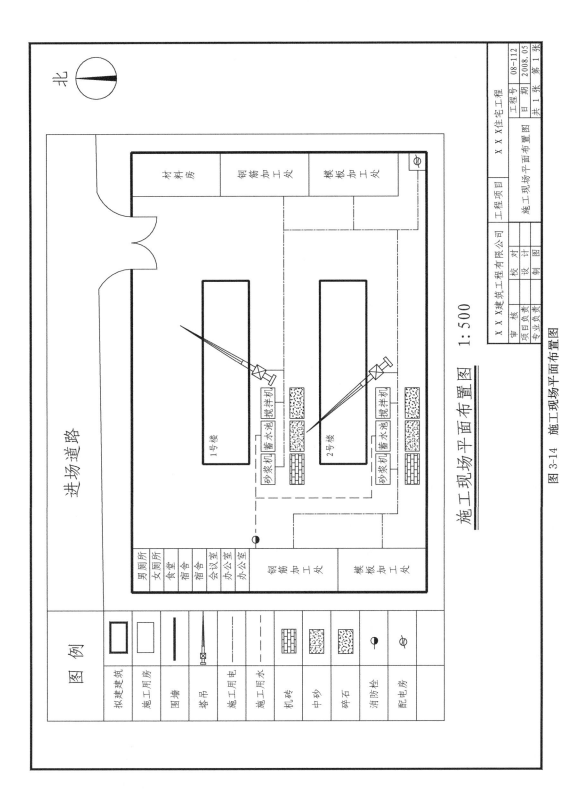

图 3-14 施工现场平面布置图

筑东西长 50m，南北宽 13m；1 号楼与北边围墙间距为 20m，与 2 号楼间距为 20m，两楼与东西围墙的间距相等。加工用房和材料用房的尺寸为 12m×25m，配电房尺寸为 5m×5m。

3.2.2 绘图要求

1. 绘图比例为 1∶1，出图比例为 1∶500，采用 A3 图框；围墙线为特粗线，线宽 1mm，新建建筑物为粗线，线宽 0.5mm，其余均为细线。

2. 图中其余尺寸、各线路的尺寸及位置可自行估计。

3.3 绘 图 步 骤

3.3.1 设置绘图环境

设置绘图环境主要包括设置图形界限、隐藏 UCS 图标、设置鼠标右键和拾取框、设置对象捕捉等内容，在单元 2 有详细介绍，在此不再赘述。

3.3.2 绘制施工现场平面布置简图

1. 绘制外框线及图例表格

根据外框线尺寸可估计表格列宽为 15m，行间距为 8m。操作步骤：

第 1 步：绘制边长为 112m×160m 的矩形。输入：REC，空格，命令行提示【倒角 (C)/标高(E)/圆角(F)/厚度(T)/宽度(W)／＜选取方形的第一点＞：】，鼠标在屏幕左上角点一点，接着命令行又提示【指定另一个角点或［面积(A)/尺寸(D)/旋转(R)］：】，输入：@160000，112000，空格，即可完成矩形的绘制。

第 2 步：分解矩形。上述绘制的矩形是一个整体，不便于编辑。选中矩形，输入：X，空格，矩形即被分解。

第 3 步：偏移生成图例表格线。输入：O，空格，命令行提示【指定偏移距离或［通过 (T)/删除(E)/图层(L)］＜通过＞：】，输入：15000，空格，用鼠标左键点取矩形左边线向右偏移生成第一条列线，继续点取新生成的线向右偏移即可生成第二条列线。输入：8000，空格，用鼠标左键点取矩形上边线向下偏移生成第一条行线，继续偏移生成下面的 9 条平行线。

第 4 步：修剪表格线。输入：TR，连续两次空格，用鼠标左键点取要剪掉的线，然后用 E 删除命令将剪断的多余线头删掉，如图 3-15 所示。

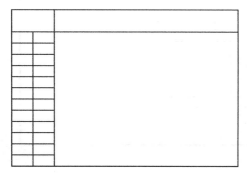

图 3-15 修剪表格

第 5 步：绘制进场道路线。输入：L，空格，用鼠标左键捕捉到左边端点并点击，然后捕捉到右边线的垂足并点击，即可绘制一条水平线。

由于原图纸上道路边线稍微倾斜，可以用拉伸命令来修改水平线达到倾斜效果。采用从下往上的窗选方式选取水平线右端点，如图 3-16 所示，输入：S，空格，命令行提示【指定基点或［位移（D）］＜位移＞：】。

按 F8 打开正交模式，任意点取一点作为基点，向上移动鼠标，输入：2000，空格，水平线即可拉伸成斜线，如图 3-17 所示。

图 3-16　拉伸直线端点

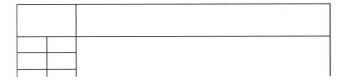

图 3-17　水平线拉伸成斜线

2. 绘制围墙及大门

围墙为粗线，可采用偏移生成直线，然后改成多段线；大门为弧线，可使用绘制圆弧命令来绘制。操作步骤：

第 1 步：偏移生成围墙线。输入：O，空格，再输入：5000，空格，分别点里边三条边线向内偏移 5m 生成东、南、西三面围墙；再将南围墙向北偏移 83m 生成北围墙。

第 2 步：用圆角命令修剪围墙线。输入：F，空格，用鼠标分别点取两两相交的围墙线，将多余的围墙线修剪掉。

第 3 步：将围墙的直线变成多段线。输入：PE，空格，继续输入：M，空格，选取围墙的四条边线，两次空格，然后输入：W，空格，再输入线宽：500，两次空格，围墙的细线即被加粗，如图 3-18 所示。

图 3-18　加粗围墙线

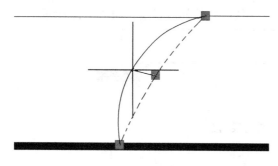

图 3-19　拖动圆弧夹点

第 4 步：绘制大门。用绘制圆弧命令，输入 A，空格，在道路边线、围墙线以及二者之间点取三个点，绘制入口的一段圆弧。圆弧绘制好之后，可以将其选中，用鼠标拖动上面的夹点来改变圆弧的大小，如图 3-19 所示。

以圆弧与围墙的交点为起点向下绘制一条线段，线段长度约为大门宽度的一半，再以该线段起点为圆心，线段长度为半径绘制一段大门的圆弧线，如图 3-20 所示。

入口弧线和大门的另一半可以采用镜像命令得到。选中入口弧线、大门及开启弧线，按 F8 打开正交模式，输入 MI，空格，以大门中点为起点向下作一条对称线，按空格确认，如图 3-21 所示。

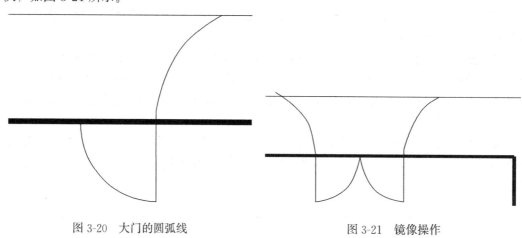

图 3-20　大门的圆弧线   图 3-21　镜像操作

用修剪命令将大门内的围墙部分和入口左边圆弧多余的部分剪掉。输入 TR，两次空格，鼠标点击须要剪掉的部分。

3. 绘制建筑物轮廓线

绘制顺序：先绘制 1 号楼，再复制得到 2 号楼，最后绘制施工用房。操作步骤：

第 1 步：绘制 1 号楼。分别按 F3 和 F8，打开对象捕捉和正交模式，以北围墙中点为第一角点向下绘制 50000×13000 矩形。将该矩形向下移动 20000，向左移动 25000。选中对象，输入：M，空格，命令行提示【指定基点或［位移（D）］＜位移＞:】，任意点取一点作为基点，鼠标向下移动一段距离，并输入：20000，空格。用同样的方法再将矩形向左移动 25000。用 X 分解命令将矩形分解；再用 PE 编辑命令将矩形的直线加粗变成多段线。粗线宽度为 500mm，出图比例为 1∶500。

第 2 步：复制矩形生成 2 号楼。用 CO 拷贝命令将矩形向下复制，复制移动距离为 33m。选中要复制的矩形，输入：CO，空格，命令行提示【指定基点或［位移（D）］＜位移＞:】，任意点取一点作为基点，鼠标向下移动一段距离，并输入：33000，空格，即可完成复制。

第3步：绘制施工用房。以围墙西南角为基点绘制 12000
×25000 的矩形。选中该矩形，输入：CO，空格，捕捉矩形
右下角点作为基点，再向上移动，捕捉到右上角点并单击，
空格确认，如图 3-22 所示。用同样的方法将矩形复制得到右
边的施工用房，并移到与北围墙靠齐，然后在东南角绘制一
个 5000×5000 的正方形作为配电房。

用 X 分解命令将围墙西边靠近中间位置的矩形分解，再
将矩形北边线向北依次偏移 7 根，间距为 4000，然后在这几
条直线的右端画一条垂线，即可形成几个封闭的矩形。绘制
好的施工现场平面布置简图如图 3-23 所示。

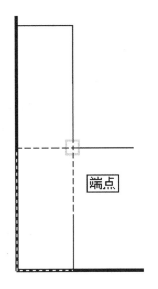

图 3-22　复制矩形

3.3.3　绘制图例及施工用水、用电线路

1. 绘制塔吊

塔吊总长度大约 30m，其余尺寸可参照单元 1 能力训练题
中的标注。先绘制一个塔吊，或用 Insert 插入命令插入单元 1
能力训练题中绘制好的塔吊图形，然后通过复制、旋转、缩小等操作得到其余塔吊及图
例。操作步骤：

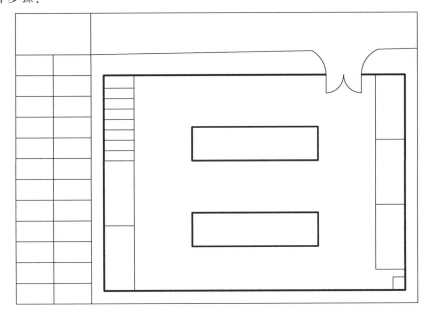

图 3-23　施工现场平面布置简图

第1步：复制塔吊。将绘制好的塔吊选中，用 CO 复制命令将其复制到 1 号楼南边，
再继续复制到图中空白区域以备绘制图例使用。

第2步：旋转塔吊。选中 1 号楼南边的塔吊，输入：RO，空格，命令行提示【指定
基点:】，鼠标点取正方形对角线的交点，空格，命令行提示【指定旋转角度，或［复制
（C）/参照（R）］:】，输入：60，空格，塔吊即被逆时针旋转 60°。CAD 规定逆时针旋转
为正，顺时针旋转为负。用同样的方法将 2 号楼旁边的塔吊逆时针旋转 130°。

第 3 步：绘制塔吊图例。选中此前复制备用的塔吊，输入：SC，空格，命令行提示【指定基点：】，鼠标点取塔吊尾部任意一点作为基点，空格，命令行提示【指定比例因子或［复制（C）/参照（R）］<1.0000>：】，输入：0.4，空格，对象缩小为原来的 0.4 倍。

第 4 步：用 M 移动命令，将缩小后的塔吊图例移动到相应的图例表格里。

注：如采用插入塔吊图形，也可参考本单元 3.3.6 的具体步骤执行。

2. 绘制机砖、碎石、中砂图例

图例的矩形尺寸估计为 7800×4000，先绘制三个矩形，然后用填充命令进行填充为不同的图例形式。操作步骤：

第 1 步：绘制矩形。在 2 号楼的南边适当位置绘制一个 7800×4000 的矩形，然后将其复制成两排，每排三个矩形。

第 2 步：填充图例。输入 H，空格，弹出图案填充对话框，点击图案后面的【选项板】按钮，弹出填充图案选项板，点击选项板上面的【其他预定义】选项，填充图案选项板变成如图 3-24 的形式。

机砖图例选中选项板中第二行第二项 APPIANRN，点击【确定】，将返回到图案填充对话框，调整比例到合适数值，然后点击【添加：拾取点】前面的按钮，命令行提示：【拾取内部点或［选择对象（S）/删除边界（B）/放弃（U）］：】，鼠标在需要填充的矩形内部点取一点，两次空格。用同样的方法可完成另外两种图例的填充，填充后的效果如图 3-25 所示。

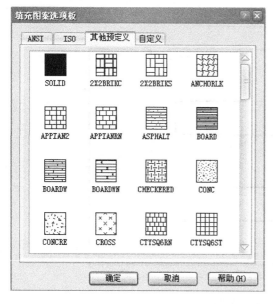

图 3-24　填充图案选项板

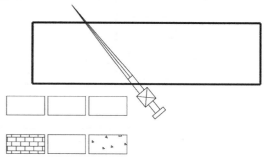

图 3-25　填充图案效果

注：如果按照以上操作无法完成填充，请查看命令行提示。当命令行提示【无法对边界进行图案填充】，说明图案比例太大，应将比例改小再试一试；当命令行提示【图案填充间距太密，或短划尺寸太小】，说明图案比例太小，应将比例改大再试一试。有时需要多次调整填充比例才能达到满意效果。

3. 绘制施工用水、用电线路

施工用水、用电线路的位置可以根据原图进行估计，采用绘制直线命令来绘制，然后改变线型即可。操作步骤：

第1步：绘制线路直线。按照原图施工用水、用电线路的走向，用 L 绘制直线命令，在适当的位置绘制线路直线。

第2步：加载线型。在线型管理器里加载虚线和点划线两种线型。

第3步：修改直线线型。选中施工用水线路，将该线路的线型改为虚线；再选中施工用电线路，将线型改为点划线。

第4步：调整线型比例。默认的线型比例为1，线上的符号较小而看不清，可以在对象特性对话框里对线型比例进行单独调整。输入：MO，空格，屏幕左上角弹出特性对话框。选中要调整的线，在对话框里将线型比例一栏的数字改成2或者更大，直到效果满意为止。

3.3.4 绘制其他图例

塔吊、机砖、碎石、中砂的图例已绘制，只需将其复制到图例列表里即可；拟建建筑、施工用房、围墙、施工用水、用电线路的图例可以用绘制直线命令绘制，然后修改成相应线型。还有消防栓、配电房和指北针的图例需要绘制。操作步骤：

第1步：绘制消防栓图例。输入：C，空格，命令行提示【指定圆的半径或［直径(D)］:】，在需要绘制消防栓的位置上点取一点作为圆心，输入圆的半径为1000mm，空格确认。然后用填充命令将圆的下半部分填充成黑色。

第2步：绘制配电房图例。参考上一步的方法在配电房的中间绘制半径为1000mm的圆，再在圆的上下各绘制一段圆弧。

第3步：复制图例。用CO拷贝命令，依次将以上图例复制到图例列表里。

第4步：绘制指北针。参考第1步的操作绘制半径为6000mm的圆，再以圆心左右对称绘制等腰三角形，然后参考第1步操作将等腰三角形填充。

3.3.5 标注文字

1. 设置文字样式

根据任务要求，本图中的字体为仿宋体，文字高宽比为0.7，在标注文字之前应新建名为"宋体"的文字样式。操作步骤：

第1步：鼠标左键单击下拉菜单栏【格式】，移动光标到【文字样式】并用鼠标左键点击，或者在命令行输入：ST，空格，弹出文字样式对话框，如图3-26所示。

第2步：在对话框里点击【新建】按钮，输入样式名称，例如"宋体"。然后在字体名下拉框里选择【T仿宋 __

图 3-26 文字样式对话框

GB2312】。

第 3 步：文字宽度比例输入 0.7，字高输入 2000，用鼠标左键点击【应用】按钮，并关闭对话框。

2. 输入文字

图中标注文字高度分 2 种，小字高度 5mm，大字高度 7mm。根据绘图要求，绘图比例为 1：1，出图比例为 1：500，绘图时的文字高度应分别为 2500mm 和 3500mm。

第 1 步：命令行输入：DT，空格，在需要写文字的位置上点击左键，从左到右拉一横线，输入文字即可。

第 2 步：将上一步输入的文字复制到其他需要标注文字的位置，双击进行修改。

注：当图纸中有多种文字样式，需要更换当前文字样式时，可在文字样式控制工具栏里进行选择，如图 3-27 所示。

3. 改文字高度

图中 "进场道路"、"图例" 以及图名中的文字要大一些，绘图时的实际高度为 3500mm。操作步骤：

第 1 步：选中文字 "进场道路"，输入：MO，空格，在对象特性对话框里将高度一栏的数字改成 3500。

图 3-27   文字样式
控制工具栏

第 2 步：用特性匹配命令，输入：MA，空格，点击文字 "进场道路"，再点击 "图例" 及图名中的文字，此时，文字的高度即被修改成 3500mm。

3.3.6   插入图框

图框不必每次重新绘制，可以将以前绘制好的图框插入进来，然后按照需要进行修改。在这里，插入单元 2 能力训练题中绘制的 A3 图框即可。插入图框的方法有多种，在此介绍一种最简单的方法。操作步骤：

第 1 步：打开待插入图框的图形文件和以前绘制好的图框文件，选中图框，按 Ctrl＋C 复制。

第 2 步：按 Ctrl＋Tab 切换到待插入图框的图纸，按 Ctrl＋V 粘贴。

第 3 步：命令行提示【_pasteclip 指定插入点：】，在适当位置单击一点即可。

第 4 步：用 M 移动命令进行位置调整，并按照需要进行内容修改。

注：单元 2 能力训练题的 A3 图框是按照出图比例 1：100 绘制的，单元 3 中绘制的施工现场平面布置图的出图比例为 1：500，因此需要将 A3 图框放大 5 倍方可使用。

单 元 小 结

本单元引入 8 个新的编辑命令：镜像命令（Mirror）、旋转命令（Rotate）、缩放命令（Scale）、拉伸命令（Stretch）、特性（Properties）、线型（LineType）、线型比例（Ltscale）、特性匹配（Matchprop）。

在此基础上，我们结合工程实例，讲解了施工现场平面布置图的绘制方法，绘图顺序一般是先整体、后局部，先图样、后标注。

在本单元中用到的绘图和编辑命令如表 3-1 所示:

本单元用到的绘图和编辑命令　　　　　　　　　　　　　表 3-1

序号	命令功能	命令简写	序号	命令功能	命令简写
1	绘制矩形	REC	12	镜像	MI
2	重生成（刷新）	RE	13	移动	M
3	分解	X	14	复制	CO
4	偏移	O	15	旋转	RO
5	修剪	TR	16	比例缩放	SC
6	删除	E	17	填充	BH
7	绘制直线	L	18	特性	MO
8	拉伸	S	19	绘制圆	C
9	圆角	F	20	文字样式	ST
10	多段线编辑	PE	21	单行文字	DT
11	绘制圆弧	A	22	特性匹配	MA

能 力 训 练 题

1. 用 CAD 绘制某幼儿园工程施工平面布置图，参考样图如图 3-28 所示。图中标注尺寸仅供绘图参考，绘图时不需标注，其余未注明尺寸及位置自行估计。

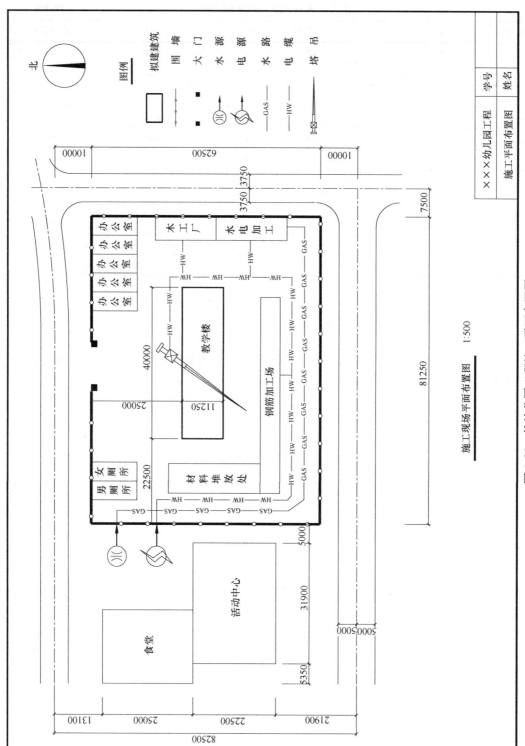

施工现场平面布置图　1:500

图 3-28　某幼儿园工程施工平面布置图

单元 4 绘制塔吊基础图

4.1 命令导入

4.1.1 延伸命令(Extend)

1. 功能

延伸命令(Extend)用于将指定的对象(直线、多线、多段线、弧等)延伸到另一对象上。

2. 操作步骤

第1步：◆ 鼠标左键单击下拉菜单栏【修改】，选择点击【延伸】。

◆ 或者在"修改"工具栏点击"延伸"按钮(图 4-1)。

图 4-1 "延伸"按钮

◆ 或者在命令行提示【命令:】栏输入：Extend 或 EX，并确认。

第2步：此时命令行提示【选取边界对象作延伸<回车全选>:】，用户选择对象作为延伸边界，并确认。用户可连续选择多个对象作为边界。

第3步：此时命令行提示【选择要延伸的实体，或按住 Shift 键选择要修剪的实体，或[边缘模式(E)/围栏(F)/窗交(C)/投影(P)/删除(R)]:】，此处有多个选项，默认选项为选择要延伸的对象，用户可直接选取需要延伸的对象。其余选项的操作与修剪命令(Trim)类似。

4.1.2 设置标注样式(Dimstyle)

1. 功能

设置标注样式(Dimstyle)用于创建和管理尺寸标注的样式。

2. 操作步骤

第1步：◆ 鼠标左键单击下拉菜单栏【标注】，选择点击【标注样式】。

图 4-2 "标注样式"按钮

◆ 或者在"标注"工具栏点击"标注样式"按钮(图 4-2)。

◆ 或者在命令行提示【命令:】栏输入：Dimstyle 或 D，并确认。

第2步：此时弹出如图 4-3 所示的"标注样式管理器"对话框。

第3步：点击"标注样式管理器"对话框右侧的【新建】，在弹出的"创建新标注样式"对话框里输入新样式名的名称，例如：标注 1(比例 100)，如图 4-4 所示。

第4步：点击【继续】将弹出【直线和箭头】按钮的对话框，修改"基线间距"数值为 8，

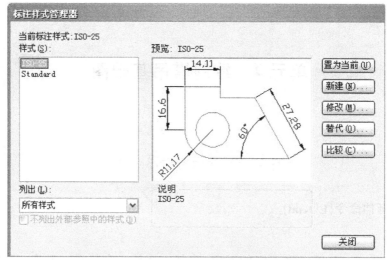

图 4-3 标注样式管理器

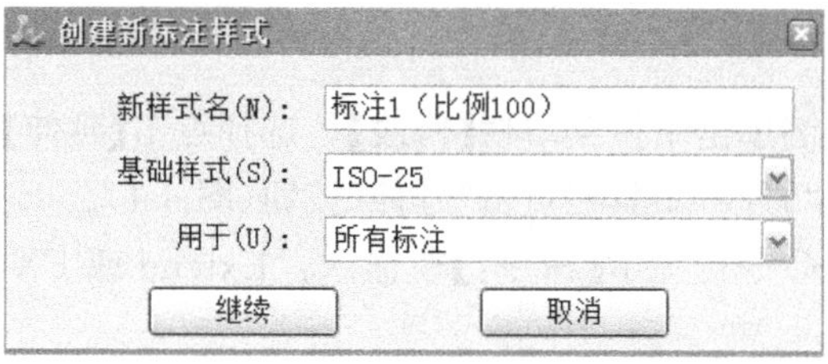

图 4-4 创建新标注样式

"超出尺寸线"数值为 2，"起点偏移量"数值为 5；同时修改"箭头"为建筑标记，"箭头大小"数值为 2，如图 4-5 所示。该对话框中的选项定义如图 4-6 所示。

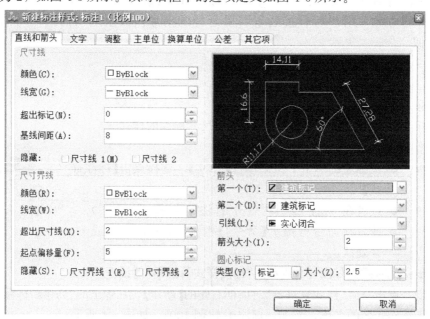

图 4-5 直线和箭头设置

注：《房屋建筑制图统一标准》GB/T 50001—2010 中规定：

(1) 尺寸界线一端离开图样轮廓线不应小于 2mm（即"起点偏移量"）；

(2) 另一端宜超出尺寸线 2～3mm（即"超出尺寸线"）；

(3) 平行排列的尺寸线间距，宜为 7～10mm（即"基线间距"），并应保持一致；

(4) 尺寸起止符号长度宜为 2～3mm（即"箭头大小"）。

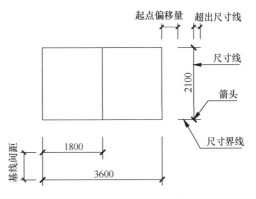

图 4-6　直线和箭头选项定义

第 5 步：点击对话框上的【文字】按钮，即可切换到文字的设置界面，如图 4-7 所示。

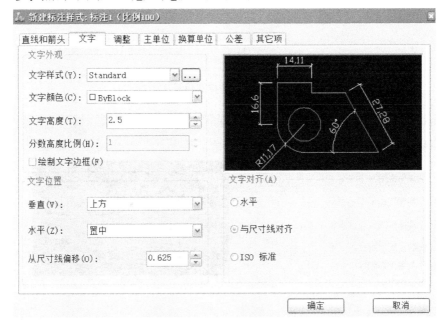

图 4-7　文字设置

第 6 步：点击"文字样式"后面的按钮，将弹出"字体样式"对话框，新建样式名为仿宋体，字体名为仿宋，宽度因子为 0.7，如图 4-8 所示。点击应用后，再点击确定关闭对话框。

注：在标注样式的"字体样式"对话框设置时（图 4-8），文本高度不需要修改设置，默认为 0 即可。字体高度将在下一步中设置

此时系统切换到文字的设置界面，点击"文字样式"栏的下拉箭头，将文字样式更改为仿宋体，如图 4-9 所示。此处文字高度默认为 2.5，如需调整为 3，可在此输入。

第 7 步：点击对话框上的【调整】按钮，将弹出调整设置的界面，"调整选项"、"文字位置"、"调整"中的选项可按照如图 4-10 所示进行设置，也可根据自己的绘图习惯设置。但是，"全局比例"必须根据绘图比例和出图比例的关系进行调整，例如绘制建筑平面图，绘图比例为 1：1，出图比例为 1：100 时，我们就把全局比例设置为 100。

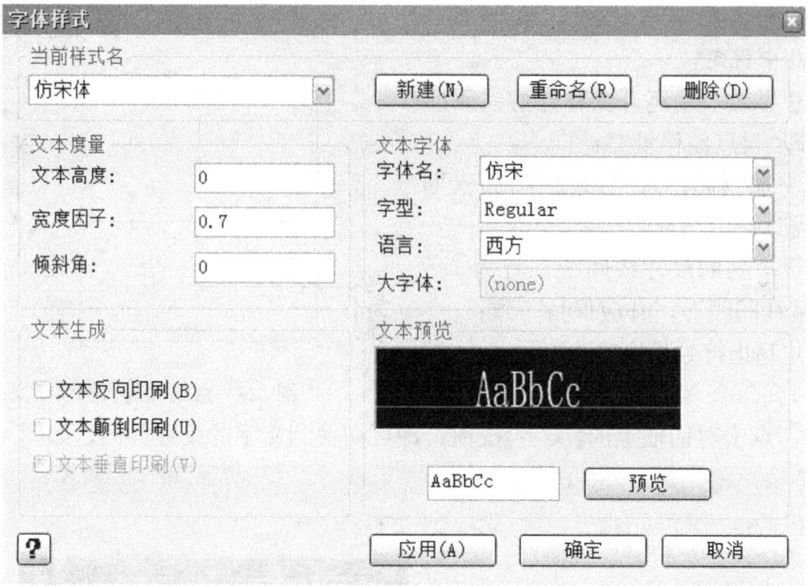

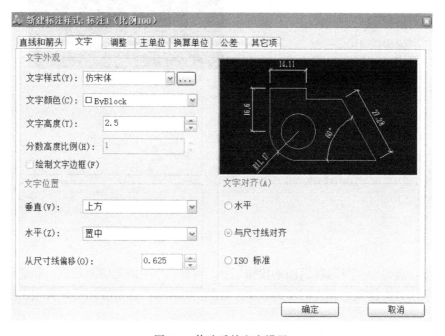

图 4-8 字体样式设置

图 4-9 修改后的文字设置

　　注：采用"全局比例"调整相当方便。我们绘制一套建筑施工图，绘图比例一般都采用
1∶1，但是出图比例会有好几种，通常建筑平面图、立面图、剖面图为 1∶100，楼梯详
图为 1∶50，节点详图为 1∶20。这时，我们只要按照上述步骤设置一种标注样式"标注 1
（比例 100）"，全局比例设置为 100，那么凡是出图比例为 1∶100 的图纸，标注尺寸时都
可以选用。当绘制出图比例为 1∶50 的楼梯详图时，我们以"标注 1（比例 100）为基础样
式，新建标注样式"标注 2（比例 50）"，只要修改"全局比例"为 50 即可，不必再重复其他

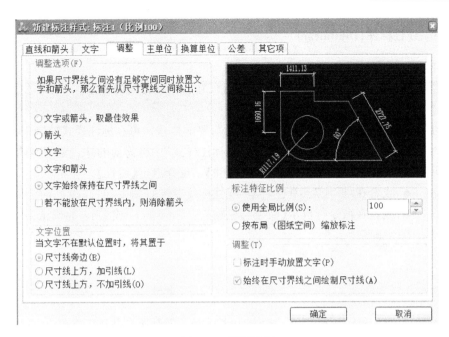

图 4-10 调整设置

选项设置。

第 8 步：点击对话框上的【主单位】按钮将弹出主单位设置界面，修改精度数值为 0，如图 4-11 所示。此时右边的预览窗口内已经显示了设置完毕的尺寸标注样式，用户在确认无误以后，点击【确定】按钮，即可完成标注样式的所有设置。

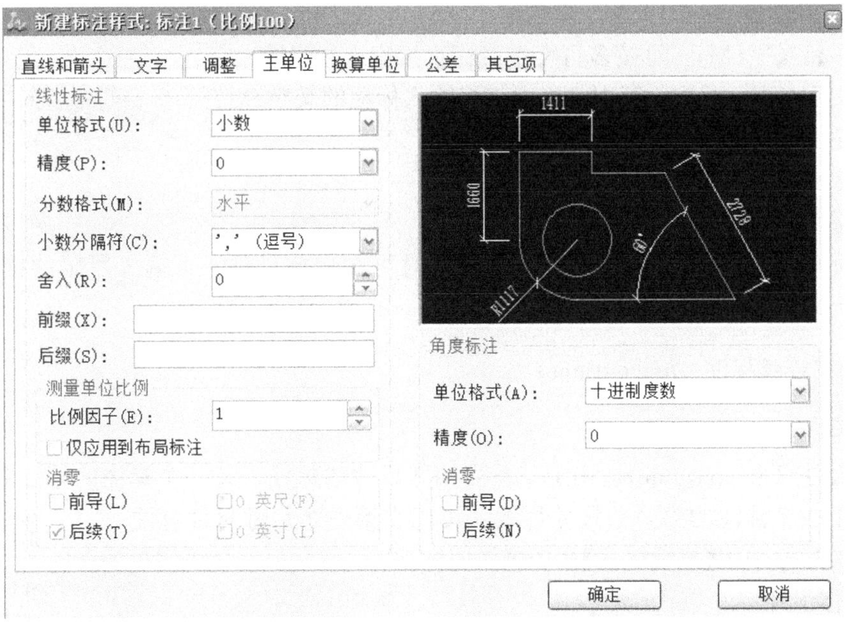

图 4-11 主单位设置

4.1.3　线性标注(Dimlinear)

1. 功能

线性标注(Dimlinear)用于水平方向、垂直尺寸、指定方向的标注。

2. 操作步骤

第1步：从已经创建的标注样式中选择所需要的样式，可在标注样式控制工具栏里选择，如图 4-12 所示。也可在"格式"工具栏的"标注样式"中将需要的样式置为当前。

第2步：◆ 鼠标左键单击下拉菜单栏【标注】，选择点击【线性】。

　　　　　◆ 或者在"标注"工具栏点击"线性标注"按钮(图 4-13)。

　　　　　◆ 或者在命令行提示【命令：】栏输入：Dimlinear 或 Dli，并确认。

图 4-12　选择标注样式

图 4-13　"线性标注"按钮

第3步：命令行提示【指定第一条尺寸界线原点或<选择对象>：】，指定第一条尺寸界线原点。

第4步：命令行提示【第二条延伸线起始位置：】，指定第二条尺寸界线原点。

第5步：命令行提示【［多行文字(M)/文字(T)/角度(A)/水平(H)/垂直(V)/旋转(R)］：】，指定尺寸线标注的位置。

以上5步是最常见的步骤，线性标注(Dimlinear)中还有其他选项，说明如下：

(1) 多行文字(M)：可按多行文本格式直接输入标注的文字。

(2) 文字(T)：可按单行文本格式直接输入标注的文字。

(3) 角度(A)：调整标注文字的角度。

(4) 水平(H)：系统将标注水平尺寸。

(5) 垂直(V)：系统将标注垂直尺寸。

(6) 旋转(R)：可创建旋转尺寸标注，此时可在命令行提示下输入所属的旋转角度，就可以进行指定方向的尺寸标注。

4.1.4　连续标注(Dimcontinue)

1. 功能

连续标注(Dimcontinue)适用于一系列相邻尺寸的标注，每一个标注的第二条尺寸界线默认为下一个标注的第一条尺寸界线。可以在第一个尺寸标注好之后，其他的尺寸采用【连续标注】命令来快速标注。

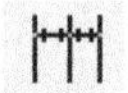

图 4-14　"连续标注"按钮

2. 操作步骤

第1步：◆ 鼠标左键单击下拉菜单栏【标注】，选择点击【连续】。

　　　　　◆ 或者在"标注"工具栏点击"连养标注"按钮(图 4-14)。

　　　　　◆ 或者在命令行提示【命令：】栏输入：Dimcontinue 或 Dco，并确认。

第2步：命令行提示【选择连续的标注：】，用户选取需要进行连续标注的尺寸标注。

第3步：命令行提示【指定第二条尺寸界线原点或［放弃(U)/选择(S)］＜选择＞：】，指定第二条尺寸界线原点，可连续指定。标注完毕，按【空格】键退出。

第4步：命令行提示【选择连续的标注：】，如不需要再标注，按【空格】键退出命令。如需要进行另一个尺寸的连续标注，则重复第2步开始的操作。

注：(1)当本次图纸打开后标注过线性尺寸，则输入连续标注命令后，命令提示将直接跳过第2步，从第3步开始。

(2)第3步中的选项"选择(S)"指选取需要进行相邻尺寸连续标注的某个线性尺寸。

4.1.5 基线标注(Dimbaseline)

1. 功能

基线标注(Dimbaseline)适用于多道尺寸的标注，系统将基准标注的第一条延伸线作为下道标注的第一条延伸线，同时每道尺寸之间的距离为图4-5中设定的基线间距。

2. 操作步骤

第1步：◆ 鼠标左键单击下拉菜单栏【标注】，选择点击【基线】。

◆ 或者在"标注"工具栏点击"连续标注"按钮(图4-15)。

◆ 或者在命令行提示【命令：】栏输入：Dimbaseline 或 Dba，并确认。

第2步：命令行提示【选取基线的标注：】，用户选取作为基准的尺寸标注。

第3步：命令行提示【指定第二条尺寸界线原点或［放弃(U)/选择(S)］＜选择＞：】，指定第二条尺寸界线原点，可连续指定多道。标注完毕，按【空格】键退出。

图4-15 "基线标注"按钮

第4步：命令行提示【选择基线的标注：】，如不需要再标注，按【空格】键退出命令。如需要进行另一个尺寸的基线标注，则重复第2步开始的操作。

注：除了线性尺寸标注以外，我们还可以进行角度、弧长等标注，这些命令操作便捷，大家可以自行练习。

4.2 工 作 任 务

4.2.1 任务要求

用CAD绘制塔吊基础图，如图4-16所示，其中格构柱的尺寸为2000×2000(mm)，柱中心与基础中心重合。基础垫层厚度为100mm，两边各超出基础轮廓线100mm。

4.2.2 绘图要求

绘图比例为1：1，出图比例为1：50；尺寸标注字体采用仿宋体，字高3mm；文字部分字体采用仿宋体，标注图名字高7mm，标注比例字高5mm，其余字高3.5mm。

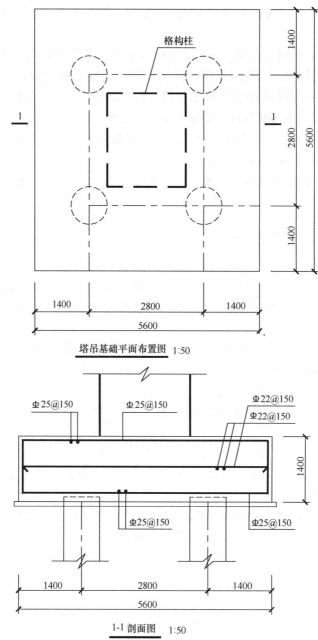

图 4-16　塔吊基础图

4.3　绘　图　步　骤

4.3.1　设置绘图环境

绘图环境的设置可参考单元 2 的操作，在此不再赘述。

4.3.2　绘制基础平面布置图

我们用 CAD 绘图，切勿拿到图纸马上开始动手，必须养成一个良好的识图习惯。首先初读图纸，了解图纸组成，然后仔细识读，看懂图纸，理解图纸内容，并结合 CAD 绘图软件的特点，明确绘图时需要注意的要点，最后思考绘图步骤，从大到小，从主到次，同时注意绘图技巧，如何快速绘图。以图 4-16 为例，讲述我们绘图前的思考步骤：

（1）初读，了解这是一个塔吊基础图，有一张平面图和一张剖面图组成。

（2）细读，平面图中有基础平面轮廓线、格构柱、桩、剖切号、定位尺寸，剖面图中有基础剖面轮廓线、基础钢筋、格构柱、桩、定位尺寸，另外还有文字标注。同时，注意线型有虚线、点划线、粗实线；文字标注有钢筋符号表达，属于特殊字符。

（3）思考绘图步骤，先绘制平面图，再绘制剖面图。由于平面图和剖面图表达的是同一个基础，所以基本尺寸和定位是相同的，因此绘制剖面图时可以复制平面图，在此基础上进行修改。

（4）仔细观察，可以发现平面图和剖面图都是对称的，所以可以只绘制一半，然后镜像。由于本图内容不多，所以是否采用镜像，对绘图速度的影响不大，但是如果遇到复杂的建筑平面图等其他对称的图纸时，就会体现出采用镜像命令的优越性。

注：下面的绘图不考虑采用镜像命令，大家有兴趣可以自己尝试。

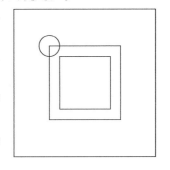

第1步：用 REC 矩形命令绘制边长为 5.6m 的正方形，作为基础平面轮廓线。

第2步：用 O 偏移命令向内偏移 1400，得到四个桩的中心定位线，再用 O 偏移命令向内偏移 400，得到格构柱。

第3步：选择一个桩的中心点，用 C 圆命令绘制半径为 400 的圆，如图 4-17。

图 4-17　绘制桩

第4步：用 LT 线型命令加载线型"CENTER"、"HIDDEN"、"DASHED"，然后鼠标左键双击选择桩中心定位线，系统弹出属性对话框，点击"线型"最右侧的下拉箭头，修改为"CENTER"，如图 4-18 所示，然后点击右上角的关闭按钮。同样的操作方法，修改桩线型为"HIDDEN"、格构柱线型为"DASHED"，如图 4-19 所示。

图 4-18　属性对话框

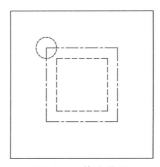

图 4-19　修改线型

第 5 步：观察图 4-19，三种线型的疏密程度均偏密，用 LTS 线型比例命令，设置线型全局比例因子为 20，此时"CENTER"、"HIDDEN"两种线型比例合理，但是"DASHED"绘制的格构柱仍旧偏密，鼠标左键双击选择格构柱，系统弹出属性对话框，将线型比例 1 修改为 2，关闭对话框，此时观察图中线型，比例合理。

注：此时"DASHED"的线型比例实际为：20×2＝40。

第 6 步：用 C 复制命令，绘制其余 3 个桩。（注意输入 M，多重复制）

第 7 步：用 X 分解命令，分解基础轮廓线和桩中心定位线的矩形，再用 EX 延伸命令，将定位线延伸到基础平面轮廓线，如图 4-20 所示。

4.3.3　绘制基础剖面图

第 1 步：用 C 复制命令将图 4-20 复制到正下方。再用 L 直线命令和 O 偏移命令，绘制桩和格构柱的立面轮廓，并绘制折断线移动到恰当位置，如图 4-21 所示。

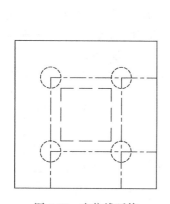

图 4-20　定位线延伸

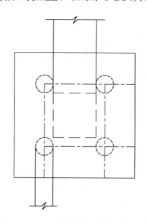

图 4-21　初绘桩和格构柱立面

第 2 步：用 O 偏移命令，将最下面的基础轮廓线向上偏移复制 100，作为桩顶。再用 TR 修剪命令修剪格构柱和桩立面中多余的线，并拷贝桩立面到右侧桩位置处。最后删除多余的线，如图 4-22 所示。

第 3 步：用 S 拉伸命令，将矩形高度方向的 5600mm 缩短到 1400mm。

第 4 步：用 O 偏移命令，将基础 3 条边线和桩顶线分别向内部偏移，偏移值可采用 90，修剪得到钢筋轮廓线。钢筋为粗实线，平面图和剖面图中的格构柱轮廓线也是粗实线，用 PE 多段线编辑命令同时加粗。

注：粗线线宽为 0.5mm，此处按照 1：50 出图比例换算。

第 5 步：用 PL 命令，绘制中间层钢筋及钢筋的 2 个截断点。并用 DO 圆环命令绘制剖面图中剖切到的钢筋断面。

注：（1）钢筋截断点为 3mm 长的粗实线，按照 1：50 出图比例换算线长及线宽。

（2）钢筋断面为直径 1mm 的实心圆，按照 1：50 出图比例换算直径。

（3）2 个钢筋断面的间距按照图示中的文字为 150mm。

第 6 步：用 MA 特性匹配命令，修改桩顶的线型与平面图中的桩虚线相同，如图 4-23 所示。

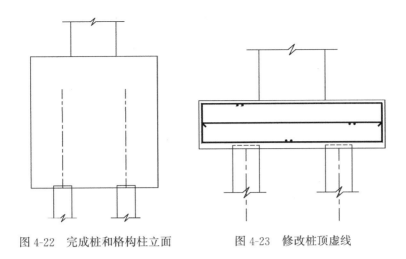

图 4-22　完成桩和格构柱立面　　　　　图 4-23　修改桩顶虚线

第 7 步：绘制基础垫层，垫层厚度 100mm，两边超出基础各 100mm。

4.3.4　标注尺寸和文字等

1. 设置文字样式

本图中的字体为仿宋体，文字高宽比为 0.7，在标注文字之前应新建文字样式。

注：HRB335 钢符号采用控制代码％％131 输入，字体必须为 SHX 字体。

2. 输入文字

绘制剖切粗实线、引出线、图名下粗实线，然后输入图中所有文字。根据绘图要求，绘图比例为 1∶1，出图比例为 1∶50，因此字高 3.5mm 的文字，输入时字高修改为 175mm，字高 7mm 的文字，输入时字高为 350mm。

写完一行文字后，可用 CO 命令复制到其他地方，双击文字进行修改。

3. 设置标注样式

设置标注样式，按照绘图要求，尺寸标注的文字为仿宋体，字高 3mm，并调整全局比例为 1∶50。

注：我们在单元 4.1.2 中讲述标注样式时，设置字高 2.5mm，基线间距 8mm，此处绘图要求字高 3mm，基线间距可调整为 10mm。

4. 标注线性尺寸

打开"对象捕捉"开关，输入 DLI 线性标注命令，标注第一道尺寸；再用 DCO 连续标注命令和 DBA 基线标注命令完成其余尺寸的标注

5. 调整布局

根据美观整齐的原则，对图名及布局进行适当调整。

单　元　小　结

本单元结合工程实例，讲解了塔吊基础图的绘制方法，绘图顺序是先平面图、后剖面图，先整体、后局部，先图样、后标注。

在本单元中用到的绘图和编辑命令如表 4-1 所示：

本单元用到的绘图和编辑命令   表 4-1

序号	命令功能	命令简写	序号	命令功能	命令简写
1	绘制矩形	REC	12	拉伸	S
2	绘制圆	C	13	移动	M
3	偏移	O	14	绘制多段线	PL
4	修剪	TR	15	特性匹配	MA
5	绘制圆环	DO	16	标注样式	D
6	绘制直线	L	17	线型标注	DLI
7	延伸	EX	18	连续标注	DCO
8	圆角	F	19	基线标注	DBA
9	多段线编辑	PE	20	文字样式	ST
10	复制	CO	21	单行文字	DT
11	删除	E			

能 力 训 练 题

1. 用 CAD 绘制塔吊基础图，该工程地基承载力 f_{ak} 为 160kPa，采用浅基础做塔基承

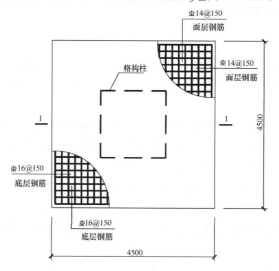

塔吊基础平面布置图 1:50

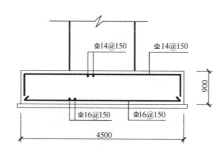

1-1 剖面图 1:50

注：基础混凝土强度除垫层为 C15 外，其余均为 C30。

图 4-24   塔吊基础图

台，参考样图如图 4-24 所示，其中格构柱的尺寸为 $1800 \times 1800 (mm)$，柱中心与基础中心重合。基础垫层厚度为 100mm，两边各超出基础轮廓线 100mm。绘图比例为 1：1，出图比例为 1：50；尺寸标注字体采用仿宋体，字高 3mm；文字部分字体采用仿宋体，标注图名字高 7mm，标注比例字高 5mm，其余字高 3.5mm。

单元 5 绘制建筑平面图

5.1 命 令 导 入

5.1.1 图层设置(Layer)

1. 图层的概念

为了理解图层的概念，首先回忆一下手工制图时用透明纸作图的情况：当一幅图过于复杂或图形中各部分干扰较大时，可以按一定的原则将一幅图分解为几个部分，然后分别将每一部分按着相同的坐标系和比例画在透明纸上，完成后将所有透明纸按同样的坐标叠在一起，最终得到一副完整的图形。当需要修改其中某一部分时，可以将要修改的透明纸抽取出来单独进行修改，而不会影响到其他部分。

CAD 中的图层就相当于完全重合在一起的透明纸，可以任意的选择其中一个图层绘制图形，而不会受到其他层上图形的影响。在 AutoCAD 中每个图层都以一个名称作为标识，并具有颜色、线型、线宽等各种特性和开、关、冻结等不同的状态。

2. 图层的调用

第 1 步：◆ 选择下拉菜单【格式】/【图层】菜单项。

◆ 或者在"对象特性"工具栏点击"图层"按钮(图 5-1)。

图 5-1 "图层"按钮

◆ 或者在命令行窗口提示【命令:】栏输入：LA，并按空格键。

第 2 步：此时系统将弹出"图层特性管理器"对话框(图 5-2)。

3. 图层的各种特性和状态

(1) 图层的名称最长可用 256 个字符，可包括字母、数字、特殊字符($ - _)和空格。图层的命名应该便于辨识图层的内容。

(2) 图层可以具有颜色、线型和线宽等特性。如果某个图形对象的这几种特性均设为"随层"，则各特性与其所在图层的特性保持一致，并且可以随着图层特性的改变而改变。例如图层"中心线"的颜色为"红色"，在该图层上绘有若干直线，其颜色特性均为"随层"，则直线颜色也为红色。如果将图层"中心线"的颜色改为"白"后，该图层上的直线颜色也相应显示为白色(颜色特性仍为"随层")。

(3) 图层可设置为"关闭(Off)"状态。如果某个图层被设置为"关闭"状态，则该图层上的图形对象不能被显示或打印，但可以重生成。暂时关闭与当前工作无关的图层可以减少干扰，更加方便快捷地工作。

(4) 图层可设置为"冻结(Freeze)"状态。如果某个图层被设置为"冻结"状态，则该图层上的图形对象不能被显示、打印或重新生成。因此用户可以将长期不需要显示的图层冻

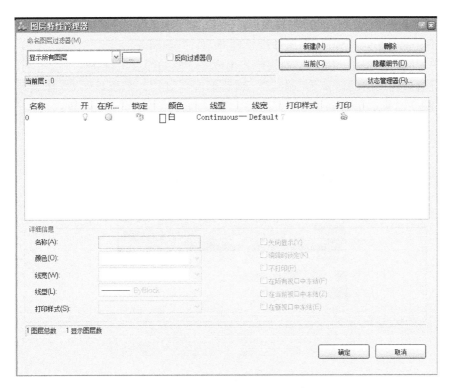

图 5-2　"图层特性管理器"对话框

结，提高对象选择的性能，减少复杂图形的重生成时间。

（5）图层可设置为"锁定（Lock）"状态。如果某个图层被设置为"锁定"状态，则该图层上的图形对象不能被编辑或选择，但可以查看。这个功能对于编辑重叠在一起的图形对象时非常有用。

（6）图层可设置为"打印（Plot）"状态。如果某个图层的"打印"状态被禁止，则该图层上的图形对象可以显示但不能打印。例如，如果图层只包含构造线、参照信息等不需打印的对象，则可以在打印图形时关闭该图层。

对话框右上角的按钮提供了对图层的各种操作。

（7）［新建］：用于新建图层。如果在创建新图层时选中了一个现有的图层，新建的图层将继承选定图层的特性。如果在创建新图层时没有选中任何已有的图层，则新建的图层使用缺省设置。

（8）＊［删除］：用于删除在图层列表中指定的图层。注意，当前图层、"0"层、包含对象的图层、被块定义参照的图层、依赖外部参照的图层和名为"DEFPOINTS"的特殊图层不能被删除。

（9）［当前］：将图层列表中指定的图层设置为当前图层。绘图操作总是在当前图层上进行的。不能将被冻结的图层或依赖外部参照的图层设置为当前图层。

（10）＊［状态管理器］：图层状态管理器，用于恢复已保存的图层状态。

4. 图层的创建和使用

第 1 步：　◆　选择下拉菜单【格式】/【图层】菜单项。

　　　　　　◆　或者在"对象特性"工具栏点击"图层"按钮（图 5-1）。

◆ 或者在命令行窗口提示【命令：】栏输入：LA，并确认。

第2步：此时系统将弹出"图层特性管理器"对话框(图5-2)。

(1) 单击[新建]按钮，在图层列表中将出现一个新的图层项目并处于选中状态。

(2) 设置新建图层的名称为"轴线"。然后单击"□白"，系统显示"选择颜色"对话框(图5-3)。选择红色，并确认。

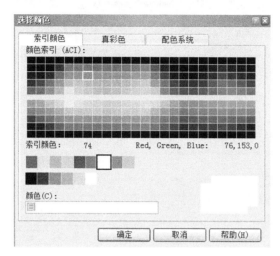

图5-3 "选择颜色"对话框

(3) 单击"CONTINOUS"，显示"选择线型"对话框(图5-4)。

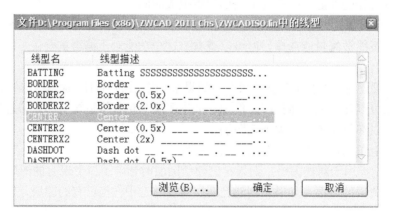

图5-4 "选择线型"对话框

(4) 单击线宽的"Default"，系统显示"线宽"对话框(图5-5)。选定线宽，并确认。一个图层建立完毕。

(5) 重复上一步的操作过程，根据需要可以创建多个图层。完成以上设置后，单击[确定]按钮结束命令，如图5-6所示。

5."图层对象特性"工具条

打开"图层对象特性"工具条(图5-7)，各选项说明如下：

(1) 使对象所在图层为当前图层

图 5-5 "线宽"对话框

图 5-6 "图层特性管理器"对话框显示

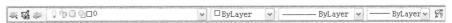

图 5-7 "图层对象特性"工具条

  鼠标左键单击"对象特性"工具栏中的图标，命令行提示：【选择将使其图层成为当前图层的对象:】，用户在此提示下选择某一对象，则该对象所在图层成为当前图层。

（2）图层控制

打开"对象特性"工具栏上的图层控制列表，将显示已有的全部图层情况，如图 5-8 所示。利用"对象特性"工具栏中的图层控制，可进行如下设置：

1）当未选择任何对象时，控件中显示为当前图层。可选择控制列表中其他图层来将其设置为当前图层。

2）如果选择了一个对象，图层控制中显示该对象所在的图层。可选择控制列表中其他图层来改变对象所在的图层。

3）如果选择了多个对象，并且所有选定对象都在同一图层上，图层控制中显示公共的图层；而如果任意两个选定对象处于不同的图层，则图层控制显示为空。可选择控制列表中其他项来同时改变当前选中的所有对象所在的图层。

在控件列表中单击相应图标可改变图层的开/关、冻结/解冻、锁定/解锁等状态。

（3）颜色控制：

该下拉列表框中列出了图形可选用的颜色，如图 5-9 所示。当图形中没有选择实体时，在该列表框中选取的颜色将被设置为系统当前颜色；当图形中选择实体后，选中的实体颜色将改变为列表框中的颜色，而系统当前颜色不会改变。

（4）线型控制：

该下拉列表框中列出了图形可用的各种线型，如图 5-10 所示。当图形中没有选择实体时，在该列表框中选取的线型将被设置为系统当前线型；当图形中选择实体后，选中的实体线型将改变为列表框中的线型，而系统当前线型不会改变。

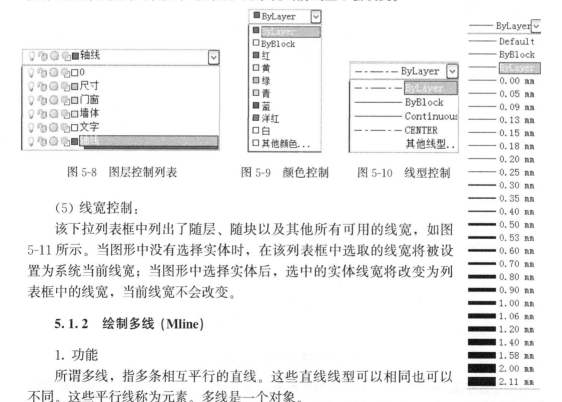

图 5-8　图层控制列表　　　图 5-9　颜色控制　　图 5-10　线型控制

（5）线宽控制：

该下拉列表框中列出了随层、随块以及其他所有可用的线宽，如图 5-11 所示。当图形中没有选择实体时，在该列表框中选取的线宽将被设置为系统当前线宽；当图形中选择实体后，选中的实体线宽将改变为列表框中的线宽，当前线宽不会改变。

5.1.2　绘制多线（Mline）

1. 功能

所谓多线，指多条相互平行的直线。这些直线线型可以相同也可以不同。这些平行线称为元素。多线是一个对象。

图 5-11　线宽控制

2. 操作步骤

第 1 步：◆ 选择下拉菜单【绘图】/【多线】菜单项。

　　　　　◆ 或者在命令行窗口提示【命令:】栏输入：ML，并按空格键。

第 2 步：此时系统会给出如下 2 行命令提示：

【当前设置：对正＝上，比例＝20.00，样式＝STANDARD】

【指定起点或［对正(J)/比例(S)/样式(ST)]:】

第一行提示表示当前多线采用的绘图方式、线型比例、线型样式。"指定起点"为默认选项。用鼠标在合适位置点取多线的起点 A。

第 3 步：命令行提示【指定下一点:】，输入：200，并确认。

注：打开正交功能，鼠标向右移动指定方向，键盘输入200，完成B点的输入。

第 4 步：命令行提示【指定下一点或［放弃(U)]:】，输入：200，并确认。

注：鼠标向 B 点下方移动，键盘输入 200，完成 C 点输入。

第 5 步：命令行提示【指定下一点或［闭合(C)/放弃(U)]:】，输入：200，并确认。

注：鼠标向 C 点左方移动，键盘输入 200，完成 D 点输入。

第 6 步：命令行提示【指定下一点或［闭合(C)/放弃(U)]:】，输入：C，并确认。多线绘制完毕。

以上操作是以当前的多线样式、当前的线型比列及绘图方式绘制多线，绘制出的图形如图 5-12 所示。

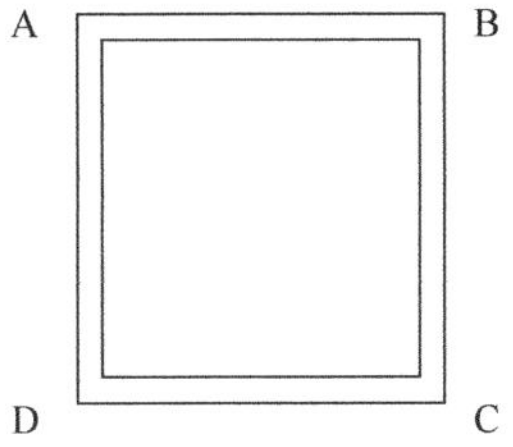

第 2 步操作中命令行提示还有 3 个选项，分别说明如下：

(1) 对正(J)：确定多线的对正方式。

选择此项，后续提示为【输入对正类型［上(T)/无(Z)/下(B)]上:】，各项说明：

1) 上(T)：该项绘制多线时，多线最顶端的线随光标移动，如图 5-13(a)所示。

2) 无(Z)：该项绘制多线时，多线的中心线随光标移动，如图 5-13(b)所示。

3) 下(B)：该项绘制多线时，多线最底端的线随光标移动，如图 5-13(c)所示。

图 5-12　绘制多线

| (a) | (b) | (c) |

图 5-13　多线的对正方式

(a) 上(T)；(b) 无(Z)；(c) 下(B)

(2) 比例(S)：确定所绘制的多线宽度相当于当前样式中定义宽度的比例因子。默认值为 20。如比例因子为 5，则多线的宽度是定义宽度的 5 倍。

选择此项，后续提示为【输入多线比例 20.00:】，输入更改的比例因子 40，并确认。如图 5-14 所示是不同比例绘制的多线(轴线为已有线，对齐方式均为无(z))。

(3) 样式(ST)：确定绘制多线时所需要的样式。默认多线样式为 STANDARD。

选择此项，后续提示为【输入多线样式名或［?]:】，输入已有的样式名。如果用户输

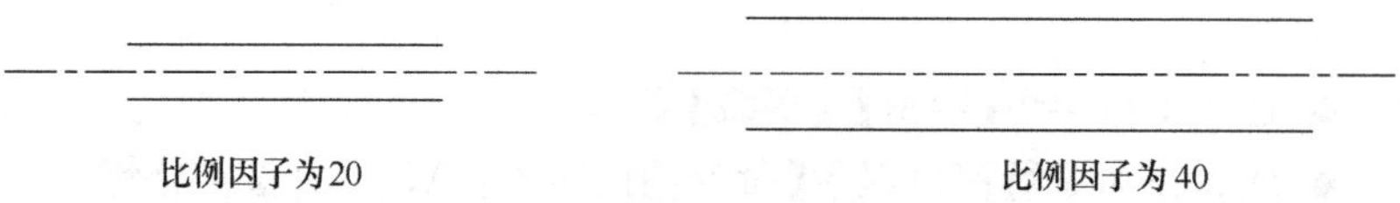

比例因子为20   比例因子为40

图 5-14   多线的比例因子

入"?"，则显示 CAD 中所有的多线样式。

执行完以上操作后，CAD 会以所设置的样式、比例及对正方式绘制多线。

3. 多线样式设置

(1) 功能

多线中包含直线的数量、线型、颜色、平行线之间的距离等要素，这些要素组成了多线样式，多线的使用场合不同，就会有不同的要求，也就是不同的多线样式。CAD 提供了创建多线样式的方法。下面以图 5-15 所示平面图为例讲解如何创建多线样式。图中墙体厚度为 240mm，窗为四线表示法。

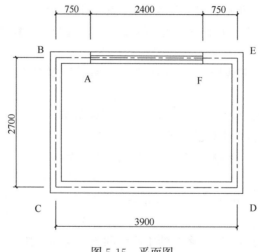

图 5-15   平面图

(2) 操作步骤

第 1 步： ◆ 选择下拉菜单【格式】/【多线样式】菜单项。

◆ 或者在命令行窗口提示【命令：】栏输入：Mlstyle，并确认。

第 2 步： 此时系统会弹出"多线样式"对话框(图 5-16)。

下面建立外墙线样式。

1) 单击【添加】按钮，弹出"创建新的多线样式"对话框(图 5-17)，输入：w。

注：样式名称应符合特点，可用简单的英文字母或中文命名，方便操作。

2) 单击【继续】按钮，此时出现"新建多线样式"对话框(图 5-18)。

在这个对话框中设置平行线的数量、间隔距离、颜色、线型。默认状态下，多线由两条黑色平行线组成，线型为实线。

根据图 5-15，显示外墙有 3 条平行线，中间为轴线，线型为点划线，上下两条为实线，分别距离轴线为 120mm。设置如下：

3) 设置上线

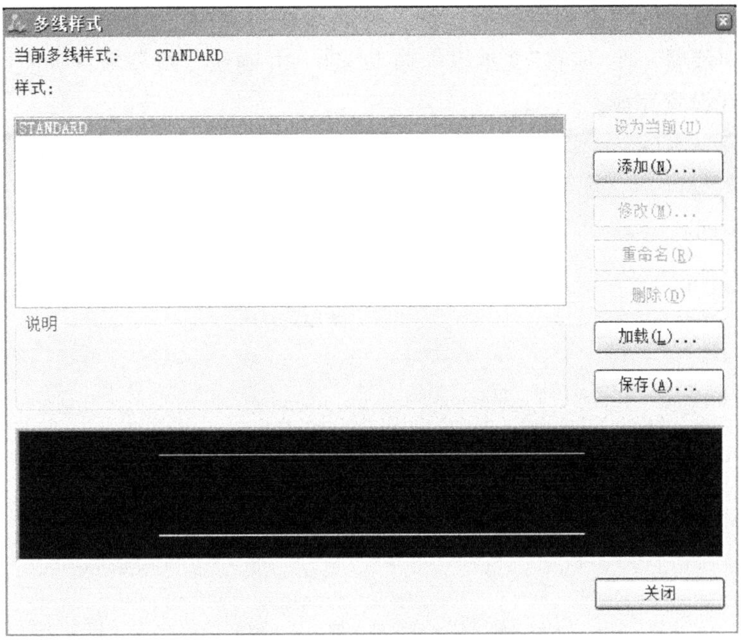

图 5-16 “多线样式”对话框

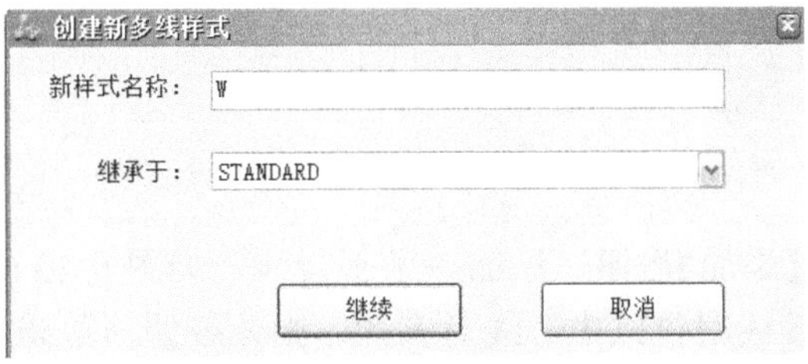

图 5-17 “创建新的多线样式”对话框

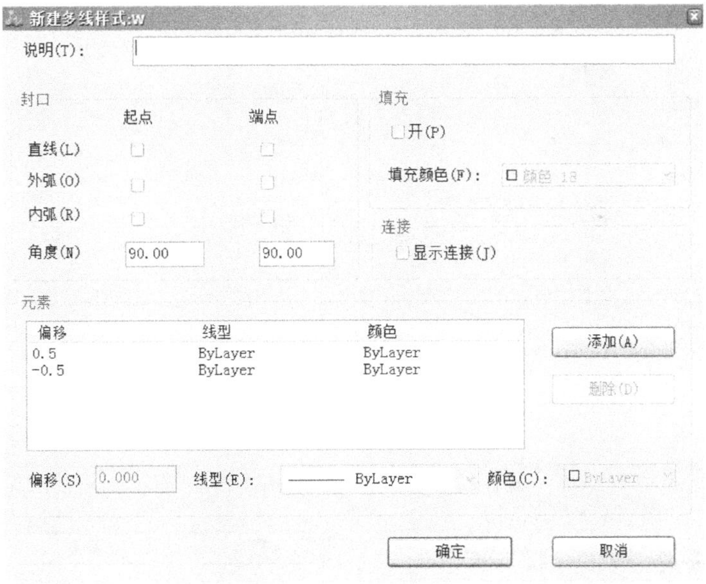

图 5-18 “新建多线样式”对话框

输入对多线样式的用途、特征等，如：外墙线样式。单击"0.5 ByLayer ByLayer"行的任意位置选中该项，在"偏移"文本框中输入 120，并确认。线型默认为实线，不用设置（图 5-19）。上线设置完成。

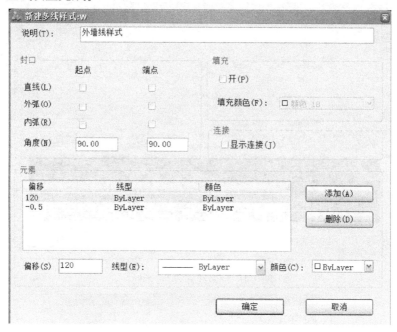

图 5-19 "图元"选项组显示 1

4）设置中线。单击【添加】按钮，添加一条平行线，如图 5-20 所示。该线是墙厚的中心线，在后续我们绘制多线时是以中心线对齐的，则该线偏移距离就为 0，不用修改。

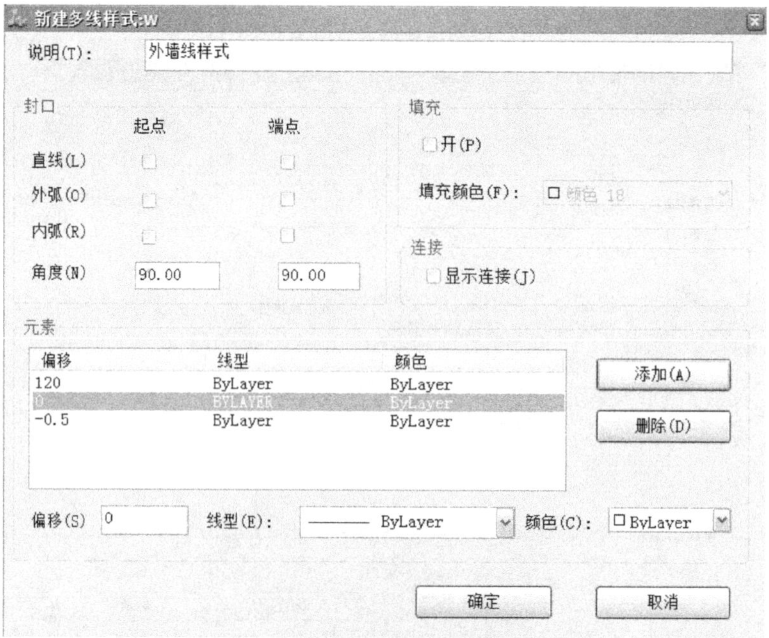

图 5-20 "图元"选项组显示 2

中线是轴线线型为点划线。单击【线型】按钮。弹出"选择线型"对话框(图 5-21)。

如果对话框中没有点划线线型，需要添加。单击【其他线型】按钮，显示"新线型"对话框(图 5-22)。单击"从文件选择"选项，从可用线型列表中选择需要线型，然后单击【确定】按钮回到"选择线型"对话框即可。单击"CENTER"选项，然后单击【确定】按钮，回到"新建多线样式"对话框，线型设置完成。

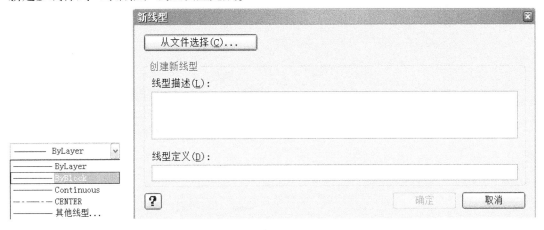

图 5-21 "选择线
型"对话框

图 5-22 "新线型"对话框

需要将轴线的颜色设置为红色。单击"颜色"一栏的下拉箭头，选择红色(图 5-23)。颜色设置完成。这样中间的轴线设置完成。

5) 设置下线，方法同设置上线，将"－0.5 ByLayer ByLayer"行选项的偏移量设置为－120mm。然后在"封口"选项区，把直线的起点和终点打上勾(图 5-24)。单击【确定】按钮，返回"多线样式"对话框。

6) 单击"置为当前"，然后单击【确定】按钮，完成外墙线的设置。

用同样的方法设置四线窗。窗的样式名为"C"，上下偏移量分别为120mm，80mm，－80mm，－120mm，颜色自定。

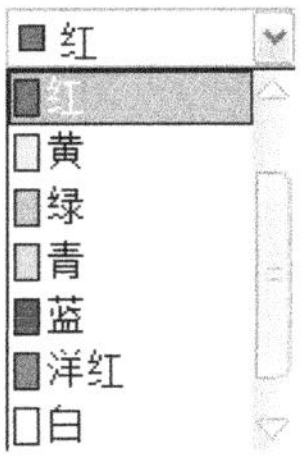

图 5-23 颜色设置

4. 操作示例

用多线命令绘制图 5-15 所示平面图。步骤如下：

(1) 用多线命令绘制外墙线

第1步：命令行输入：ML，并确认。

第2步：命令行提示【指定起点或 [对正(J)/比例(S)/样式(ST)]:】，输入：J，并确认。

第3步：命令行提示【输入对正类型 [上(T)/无(Z)/下(B)] 无:】，输入：Z，并确认。

第4步：命令行提示【指定起点或 [对正(J)/比例(S)/样式(ST)]:】，输入：S，并确认。

第5步：命令行提示【输入多线比例 1.00:】，输入：1，并确认。

第6步：命令行提示【指定起点或 [对正(J)/比例(S)/样式(ST)]:】，在屏幕上点取点 A。

第7步：命令行提示【指定下一点:】，鼠标向左拖动，输入：550，并确认。点 B 完成。

第8步：命令行提示【指定下一点或 [放弃(U)]:】，鼠标向下拖动，输入：2500，并确认。点 C 完成。

第9步：命令行提示【指定下一点或 [闭合(C)/放弃(U)]:】，鼠标向右拖动，输入：

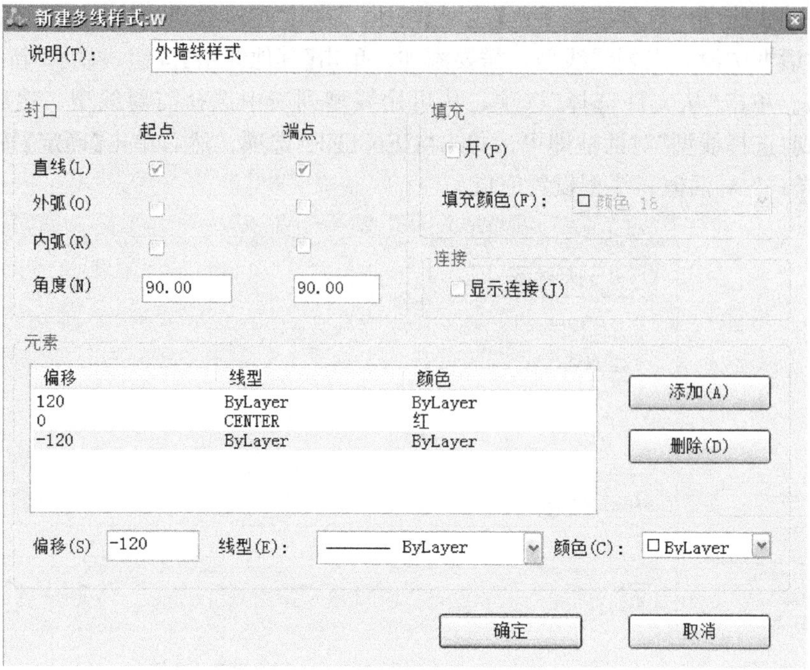

图 5-24　多线封口设置

3900，并确认。点 D 完成。

第 10 步：命令行提示【指定下一点或［闭合(C)/放弃(U)］：】，鼠标向上拖动，输入：2500，并确认。点 E 完成。

第 11 步：命令行提示【指定下一点或［闭合(C)/放弃(U)］：】，鼠标向左拖动，输入：550，并确认。点 F 完成。

第 12 步：命令行提示【指定下一点或［闭合(C)/放弃(U)］：】，按【空格】键结束命令。

(2) 用多线绘制窗户

第 1 步：命令行输入：ML，并确认。

第 2 步：命令行提示【指定起点或［对正(J)/比例(S)/样式(ST)］：】，输入：ST，并确认。

第 3 步：命令行提示【输入多线样式名或［?］：】，输入：C，并确认。

第 4 步：命令行提示【指定起点或［对正(J)/比例(S)/样式(ST)］：】，在屏幕上拾取点 A。

第 5 步：命令行提示【指定下一点：】，鼠标向左拖动，输入：2400，并确认。点 B 拾取完成。（或者用捕捉功能 捕捉点 F）。

第 6 步：命令行提示【指定下一点或［闭合 C/放弃(U)］：】，按【空格】键结束命令。

5.2 工 作 任 务

5.2.1 任务要求

用 CAD 绘制建筑平面图，参考样图如图 5-25 所示。该平面图为某宿舍楼的底层平面图。

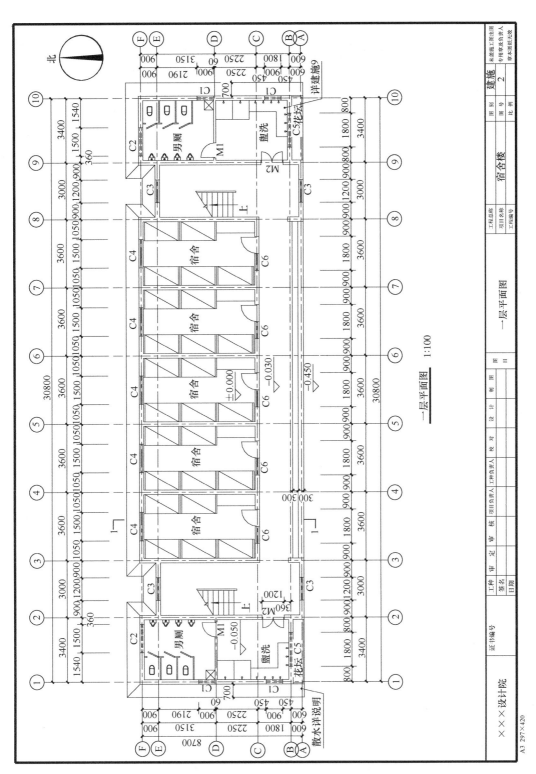

图 5-25 某宿舍楼一层平面图

5.2.2 绘图要求

1. 绘图比例为 1∶1，出图比例为 1∶100，采用 A3 图框；字体采用仿宋体。

2. 图中未明确标注的家具尺寸、洁具尺寸等，可自行估计。

注：我们在前面绘图时，由于绘制的图纸中粗实线并不多，因此都是用 PL 命令直接绘制或者用 PE 命令加粗。单元 5 我们将绘制建筑平面图，由于图中粗实线比较多，为提高绘图效率，绘制方法有所改变。在 CAD 绘图过程中我们全部采用细线绘制，对于需要加粗的线，根据线宽不同设置为不同的颜色，最后出图时我们将按照颜色来设置笔宽，因此图形输出后图线是符合要求的，但是在 CAD 绘图时粗实线将都不显示。单元 8 绘制建筑立面图时，由于粗实线比较少，所以我们又用 PL 命令直接绘制或者用 PE 命令加粗。当然以上选用方式并非强制要求，大家可以根据实际情况自己选择最合适的方式。

5.3 绘 图 步 骤

5.3.1 设置绘图环境

1. 设置图形界限

2. 隐藏 UCS 图标

3. 设置鼠标右键和拾取框

4. 设置对象捕捉

绘图环境的前 4 步设置可参考单元 2 的操作，在此不再赘述。我们主要介绍图层设置。

5. 设置图层

第 1 步：打开图层按钮。点击新建，将在下方空白处出现一个新的图层。然后定义图层的名称、颜色、线型、线宽等。

第 2 步：重复以上命令，一般设置 6～8 个层，如轴线、墙体、门窗、家具、楼梯散水、尺寸、文字图框等。选择轴线层，单击，设置轴线层为当前层(图 5-26)。

第 3 步：单击"确定"，关闭图层对话框。

5.3.2 绘制轴线、墙体、门窗

1. 绘制轴线

轴线分为横向和竖向两组。轴线编号之间的数据即为轴线间的尺寸。操作步骤：

第 1 步：当前层已经设置为轴线层。打开正交模式(F8)。

第 2 步：首先在绘图区先用 L 命令绘制 A 号轴线。输入：L，空格，命令行提示【线的起始点】：在左下侧适当位置用左键点取第 1 点后，提示【角度(A)/长度(L)/指定下一点】：水平往右点取第 2 点，则 A 号轴线完成。

然后根据轴线间尺寸，用偏移生成横向轴线。输入：O，空格，命令行提示【指定偏移距离或［通过(T)/拖拽(D)/删除(E)/图层(L)］;】＜通过＞，输入：600，空格，用鼠标左键点取 A 号轴线线向上偏移生成 B 号轴线。重复以上命令，完成横向轴线绘制。

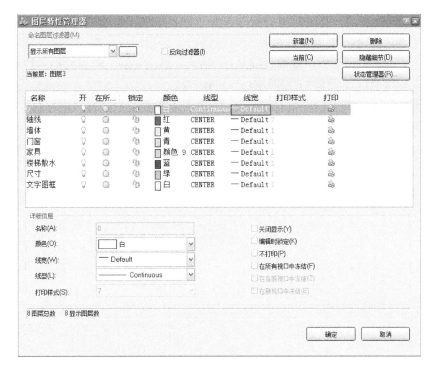

图 5-26　图层对话框

第 3 步：在绘图区的左下侧先用 L 命令绘制 1 号轴线，然后根据轴线尺寸，用偏移生成竖向轴线，完成竖向轴网的绘制（图 5-27）。

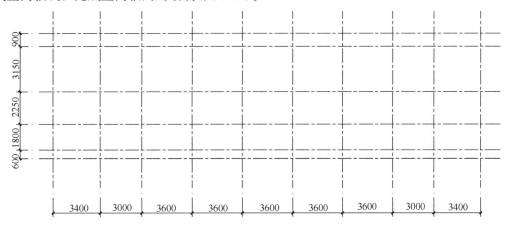

图 5-27　绘制轴网

注：需与横向轴线交叉，便于后面的操作。

2. 绘制墙体

第 1 步：将当前层设置为墙体层。

第 2 步：用多线命令绘制双线墙。绘制完毕后分解双线墙，并用修剪（TR）及圆角（F）命令整理墙线。

第 3 步：开门窗洞口。首先用直线命令（L），完成窗洞口线 AB。输入：L，空格，命令行提示【线的起始点:】,此时对象捕捉和对象追踪状态为开,鼠标靠近点 E,捕捉点 E 为基准点,鼠标左键不需要点击,显示点 E 已被自动捕捉即可,然后指定方向水平向右,输入:580,找到直线起点 A,做垂直线 AB。输入:O,空格,命令行提示【指定偏移距离或[通过(T)/拖拽(D)/删除(E)/图层(L)];】,输入:1200,空格,用鼠标左键点取直线 AB,完成窗洞口右侧线 CD(图 5-28)。最后用 TR 修剪命令修剪出洞口(图 5-29)。用同样方法完成门窗洞口的绘制,如图 5-30 所示。

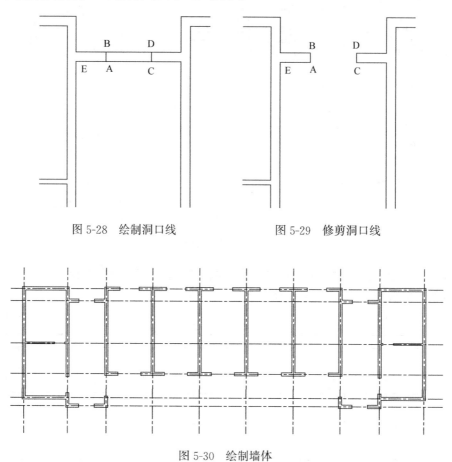

图 5-28 绘制洞口线   图 5-29 修剪洞口线

图 5-30 绘制墙体

3. 绘制门窗

第 1 步:将当前层设置为门窗层。

第 2 步:用多线命令(ML)绘制窗。相同的门窗可以复制更快捷,比如 5 个房间的门连窗部分。

第 3 步:用直线命令(L)绘制门扇,并以起点、端点、半径的方法作 1/4 圆弧(图 5-32)。

注:图 5-31 中圆圈部位为高窗,绘制后可以将此窗线型单独改为虚线。在待命状态点取该窗,然后去图层工具栏中,将线型直接改为虚线,这样图层没有变,只改变了该窗的线型,如图 5-32 所示。

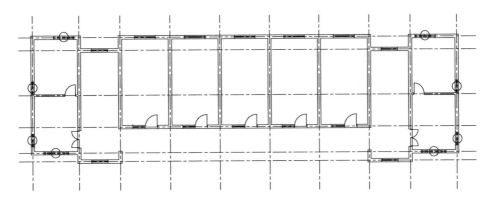

图 5-31　绘制门窗

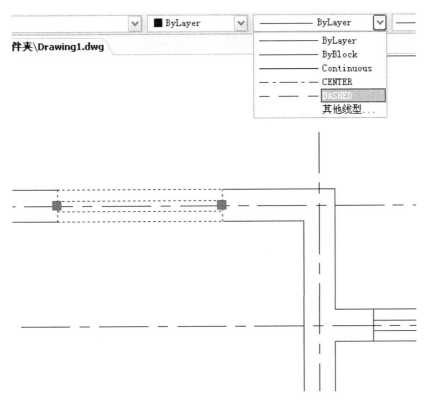

图 5-32　修改线型

5.3.3　绘制楼梯、散水及其他

1. 绘制楼梯

第 1 步：将当前层设置为楼梯层。

根据楼梯详图中的尺寸，首先用直线命令(L)，完成第一条踏步线。输入：L，空格，命令行提示【线的起始点：】，此时对象捕捉和对象追踪状态为开，鼠标靠近点 A，捕捉点 A 为基准点，鼠标左键不需要点击，显示点 A 已被自动捕捉即可，然后指定方向垂直向上，输入：1280，找到直线终点 B，做水平直线长度为 1300，完成第一条踏步线。输入：

O，空格，命令行提示【指定偏移距离或［通过(T)/拖拽(D)/删除(E)/图层(L)］:】，输入：280，空格，用鼠标左键点取第一条踏步线向上偏移，重复以上命令，完成踏步绘制。

第2步：点取左向内侧墙线向右偏移1300生成扶手线，扶手双线距离为60。用修剪命令(TR)剪掉右侧多余线段。

第3步：绘制折断线，并修剪多余线段，并用多段线命令(PL)绘制箭头(图5-33)。

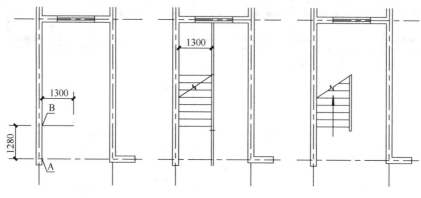

图5-33 绘制楼梯

2. 绘制散水

第1步：将当前层设置为散水层。用多段线命令(PL)画出建筑的外围轮廓线。

第2步：将外围轮廓线向外侧偏移600，即为散水线。在转弯处绘制45°直线连接2角点。

3. 绘制其他(家具、洁具及图框等)

第1步：将当前层设置为家具层。用矩形命令(REC)绘制房间内部的床。床的尺寸为2000×1000。输入：REC，空格，命令行提示【倒角(C)/标高(E)/圆角(F)/厚度(T)/宽度(W)/<选取方形的第一点>:】，在空白处指定矩形第一点。命令行提示【指定另一个角点或［面积(A)/尺寸(D)/旋转(R)］】，输入：D，空格，【指定矩形的长度0.0000:】，输入：1000，空格；【指定矩形的宽度度0.0000:】，输入：−2000，空格；点击鼠标左键完成矩形绘制。

图5-34 绘制床

第2步：用分解命令(X)分解矩形，然后把上下两条直线分别往内侧偏移80，再绘制一条斜线，床平面图完成，如图5-34所示。最后按图纸要求进行移动和复制。

第3步：卫生间内的洁具按详图自行绘制，然后按图纸要求布置(图5-35)。

第4步：绘制图框。将当前层设置为图框层。根据本图幅A3图框尺寸大小(420mm×295mm)，出图比例为1:100，需要绘制的图框大小为42000×29500。用矩形命令绘制最外轮廓，然后按图示要求绘制，具体步骤参见单元2。图纸的图框不必每次重新绘制，可以将以前绘制好的图纸的图框插入进来，然后按照需要进行修改。插入图框的方法参见单元3.5。

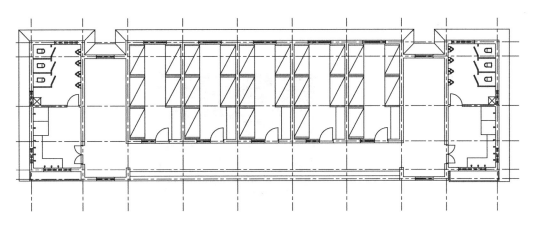

图 5-35　绘制卫生间

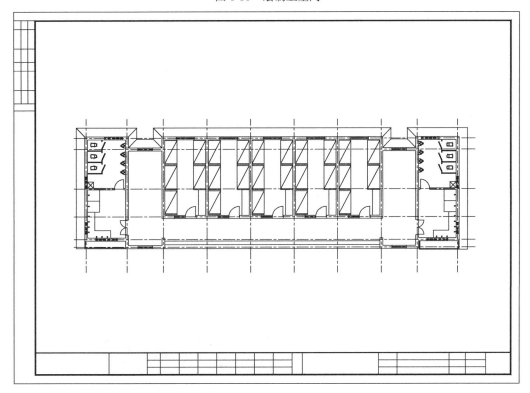

图 5-36　插入图框

5.3.4　标注尺寸和文字

1. 尺寸标注

（1）设置标注样式

鼠标左键单击下拉菜单栏【标注】，移动光标到【标注样式】并点击，或者在命令行输入：D，空格，弹出"标注样式管理器"对话框（图 5-37）。

点击"标注样式管理器"对话框右侧的【新建】，在弹出的"创建新标注样式"对话框里输入新样式名的名称（例如：标注 1），如图 5-38 所示。

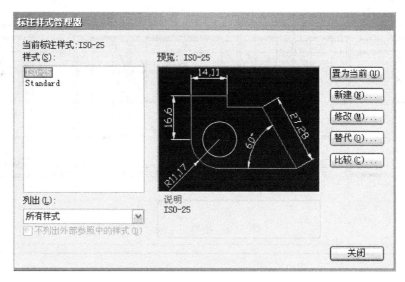

图 5-37 "标注样式管理器"对话框

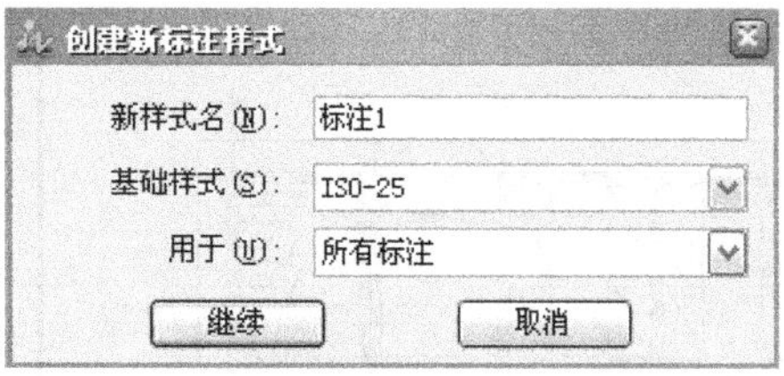

单击【继续】将弹出"标注样式设置"对话框。当前处于对话框上的【直线和箭头】界面，如图5-39所示，按图示界面设置相应数据。

点击对话框上的【文字】按钮将弹出文字的设置界面，如图5-40所示。点击新建，将弹出如图5-41所示的文字样式设置对话框，新建一个"样式1"后点确定，回到文字的设置界面；将

图 5-38 "创建新标注样式"对话框

字体名设置为 simplex. shx，字高为 0，高宽比为 0.5 即可，如图 5-42 所示。点击对话框上的【确定】按钮，回到文字设置界面，按照如图 5-43 所示进行设置即可。

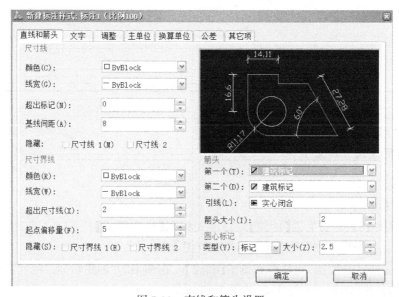

图 5-39 直线和箭头设置

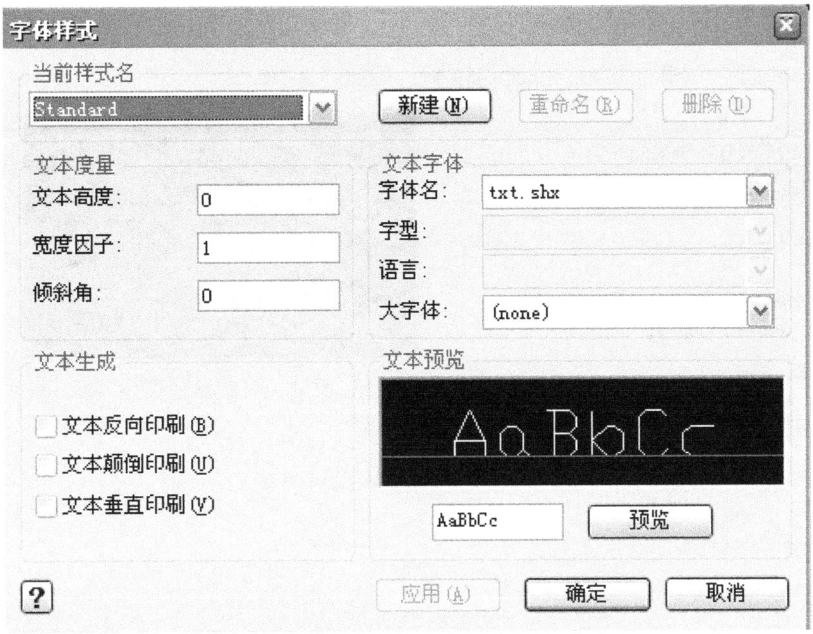

图 5-40 文字设置

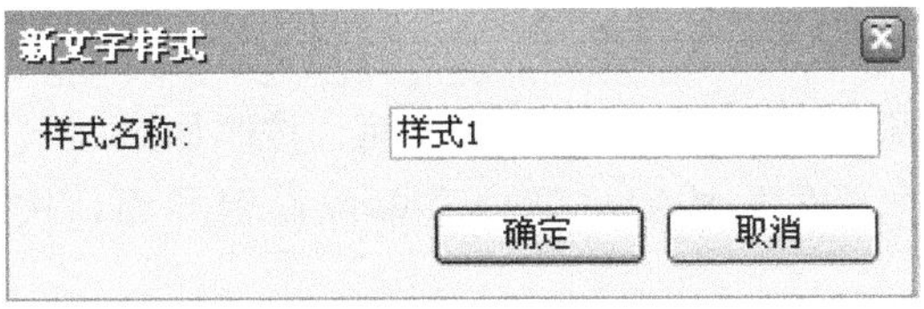

图 5-41 新建文字样式

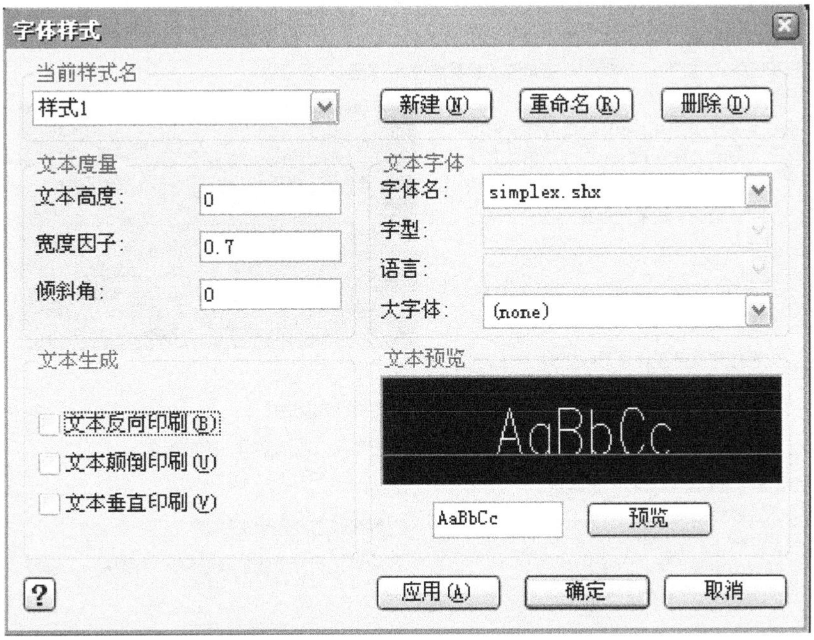

图 5-42 文字样式设置

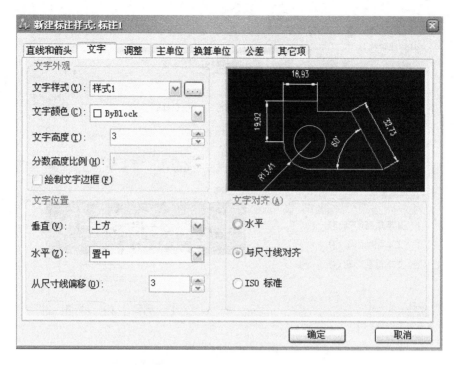

图 5-43 文字设置

点击对话框上的【调整】按钮将弹出调整界面，按照如图 5-44 所示进行设置即可。

点击对话框上的【主单位】按钮将弹出主单位设置界面，按照如图 5-45 所示进行设置。

点击对话框上的【确定】按钮将回到最初界面。点击左侧【标注 1】，点击右侧【置

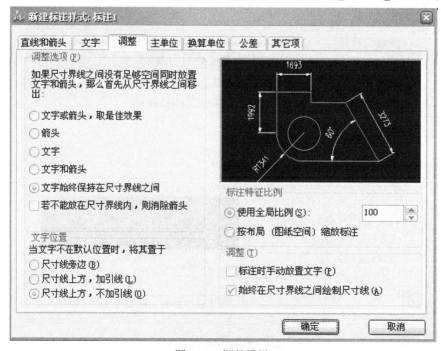

图 5-44 调整设置

为当前】，即完成标注样式的所有设置（图 5-46），最后点击对话框上的【关闭】。

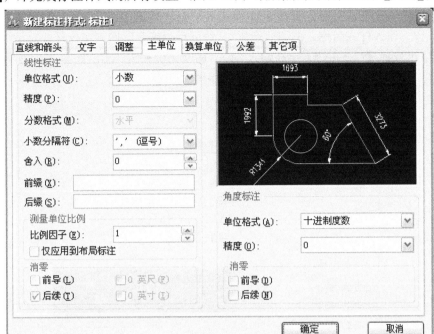

图 5-45　主单位设置

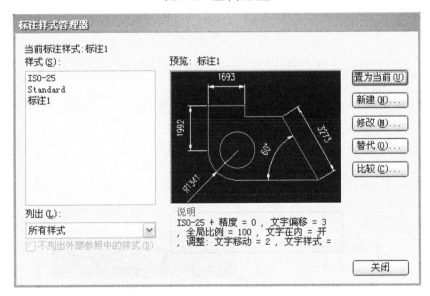

图 5-46　标注设置

（2）将当前层设置为尺寸层，按图纸要求进行尺寸标注。

2. 文字标注

（1）设置文字样式

根据任务要求，绘图比例为 1:1，出图比例为 1:100，字体为仿宋体。在标注文字之前应新建名为"宋体"的文字样式，文字高宽比为 0.5，高度为 500。

鼠标左键单击下拉菜单栏【格式】，移动光标到【文字样式】并用鼠标左键点击，或者在命令行输入：ST，空格，弹出字体样式对话框，如图5-47所示。在对话框里点击【新建】按钮，输入样式名称，例如"宋体"，然后点"确定"回到字体样式对话框。在字体名下拉框里选择【txt.shx】，字高输入500，宽度比例输入0.5，如图5-48所示。用鼠标左键点击【应用】、【确定】按钮，并关闭对话框。

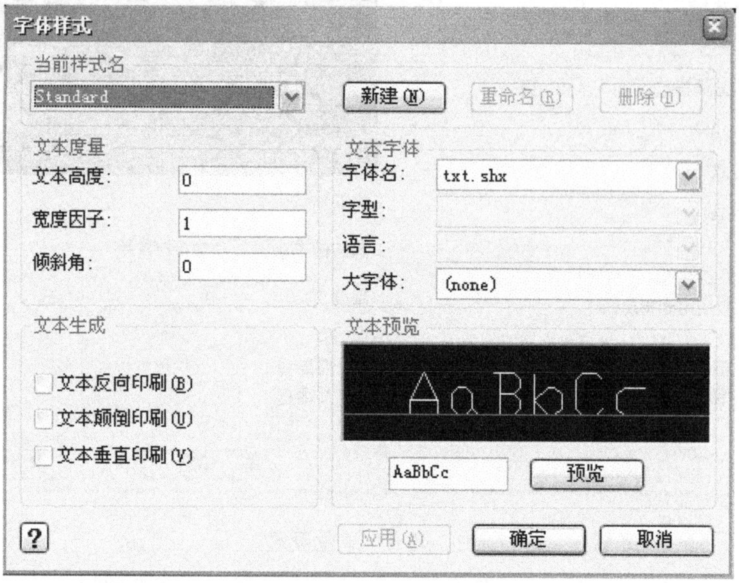

图 5-47　字体样式

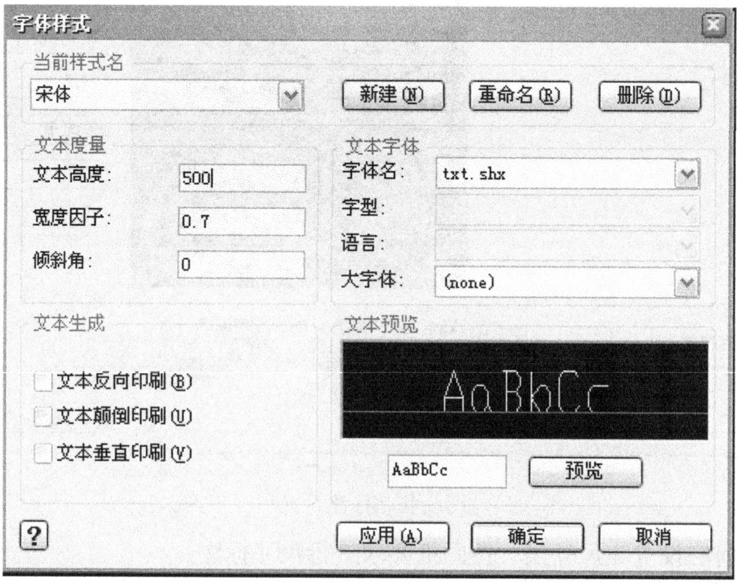

图 5-48　字体样式

（2）输入文字

将当前层设置为文字层。打开正交开关，输入：DT，空格，用鼠标左键指定文字起点，输入旋转角度为"0"，然后打开输入法输入文字即可。按此方法可完成图中所有文字的输入。也可只输入某行文字，然后将其复制到其他位置，然后双击进行内容修改。

（3）改文字高度

图名"某宿舍楼一层平面图"这些文字要大一些，绘图时的实际高度为500。可以先将刚才输入的文字复制到图名的位置，然后选中要修改的文字，输入：MO，空格，在对象特性对话框里将高度一栏的数字改成500，同时对文字内容也一并做修改。

（4）绘制轴线号及其他符号。

1）设置文字样式如图5-49所示。（字体名也可以是宋体等，可自行设置）。

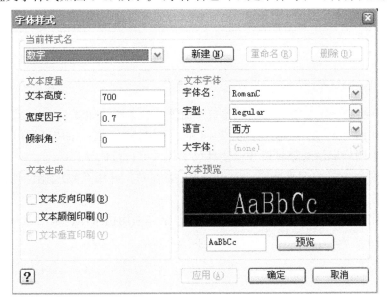

图5-49　文字样式对话框

2）绘制一个直径为1000的圆，在圆内部标注上数字编号。复制轴线号到图示位置，然后双击中间数字，逐个修改完成轴线绘制。

3）绘制标高符号，在直线上部标注数字。

4）绘制指北针。

单 元 小 结

本单元引入1个新的编辑命令：图层设置（Layer），和1个新的绘图命令：绘制多线（Mline）。另外，本单元中的图线全部采用细线绘制，对于需要加粗的图线，根据线宽不同设置为不同的颜色，最后出图时我们将按照颜色来设置笔宽粗细。

在此基础上，我们结合工程实例，讲解了建筑平面图的绘制方法。绘图顺序一般是先整体、后局部，先图样、后标注。

在本单元中用到的绘图和编辑命令见表5-1。

本单元用到的绘图和编辑命令表5-1。

本单元用到的绘图和编辑命令 表 5-1

序号	命令功能	命令简写	序号	命令功能	命令简写
1	绘制矩形	REC	9	圆角	F
2	绘制直线	L	10	镜像	MI
3	绘制圆	C	11	移动	M
4	分解	X	12	复制	CO
5	偏移	O	13	对象特性	MO
6	修剪	TR	14	文字样式	ST
7	删除	E	15	单行文字	DT
8	拉伸	S	16	多线	ML

能 力 训 练 题

1. 用 CAD 绘制该宿舍楼二～四层建筑平面图,参考样图如图 5-50 所示。绘制要求:

(1) 绘图比例为 1:1,出图比例为 1:100,采用 A3 图框;字体采用仿宋体。

(2) 图中未明确标注的家具尺寸、洁具尺寸等,可自行估计。

2. 请设计你喜欢的户型平面图,面积为 100m² 左右,并用 CAD 绘图。绘制要求:

(1) 按照建筑制图规则绘制平面图。

(2) 绘图比例为 1:1,出图比例为 1:100,字体采用仿宋体,采用 A4 纸打印。

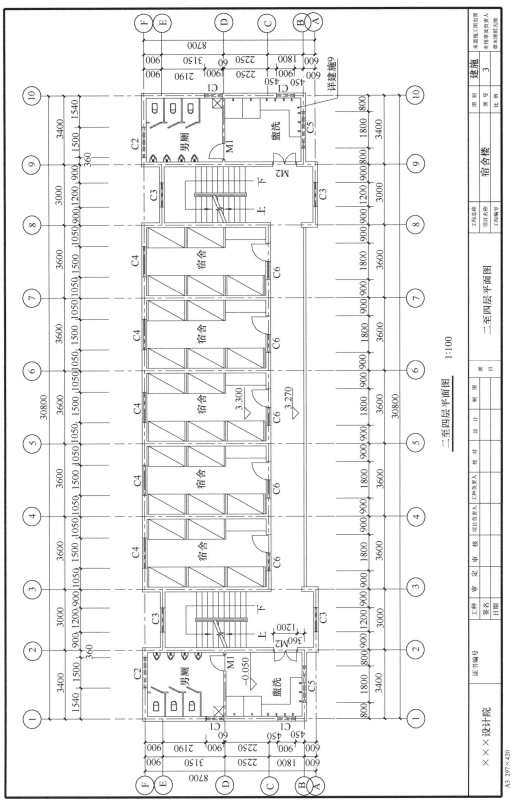

二至四层平面图　1:100

二至四层平面图

图 5-50　宿舍楼二～四层建筑平面

A3 297×420

单元 6　绘制建筑立面图

6.1　命　令　导　入

6.1.1　阵列命令（Array）

1. 功能

阵列命令可利用两种方式对选中对象进行阵列操作，从而创建新的对象：一种是矩形阵列，另一种是环形阵列。

2. 操作步骤

图 6-1　"阵列"
接钮

第 1 步： ◆ 选择下拉菜单【修改】/【阵列】菜单项。

◆ 或者在"修改"工具栏点击"阵列"按钮（图 6-1）。

◆ 或者在命令行窗口提示【命令:】栏输入：AR，并按空格键。

第 2 步： 调用该命令后，系统弹出"阵列"对话框（图 6-2），该对话框中各项说明如下：

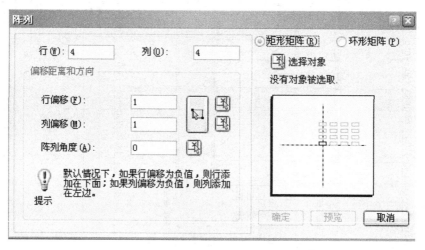

图 6-2　"阵列"对话框

（1）矩形阵列：以源对象为基准，按规定的行数和列数、规定的行偏移距离和列偏移距以及阵列角度，形成阵列图案，图 6-3 所示。该阵列图案中阵列角度设置为 0。若将角度设置为 30，阵列图案如图 6-4 所示。

（2）环形阵列：选择"环形阵列"选项（图 6-5），环形阵列图案详见图 6-6。

各参数说明如下：

1）"中心点"：指定环形阵列的中心点。

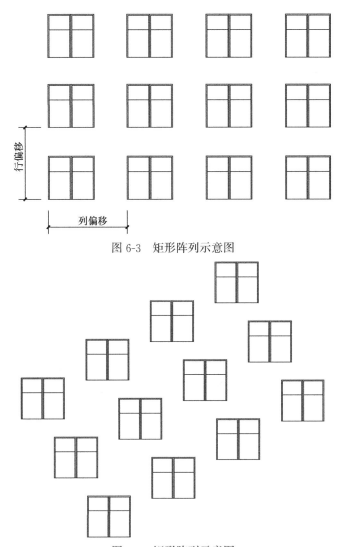

图 6-3 矩形阵列示意图

图 6-4 矩形阵列示意图

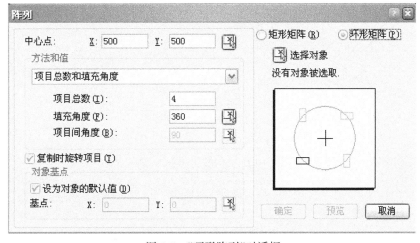

图 6-5 "环形阵列"对话框

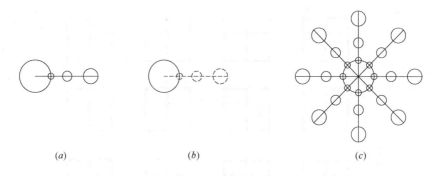

图 6-6 环形阵列示意图

(a) 绘制图形；(b) 选择阵列对象；(c) 完成环形阵列

2）"项目总数"：指定阵列操作后源对象及其副本对象的总数。

3）"填充角度"：指定分布了全部项目的圆弧的夹角。该夹角以阵列中心点与源对象基点之间的连线所成的角度为零度。

4）"项目间角度"：指定两个相邻项目之间的夹角。即阵列中心点与任意两个相邻项目基点的连线所成的角度。

5）"复制时旋转项目"：如果选择该项，则阵列操作所生成的副本进行旋转时，图形上的任一点均同时进行旋转。如果不选择该项，则阵列操作所生成的副本保持与源对象相同的方向不变，而只改变相对位置。

图 6-7 阵列预览对话框

6）完成设置后，可单击【预览】按钮来预览阵列操作的效果，这时系统弹出如图 6-7 所示对话框。查看阵列操作效果后，可单击【接受】按钮，确定设置并完成阵列命令；或单击按钮【修改】返回"阵列"对话框修改设置；或单击【取消】按钮取消阵列命令

3. 用阵列命令绘制图 6-8 所示图形。

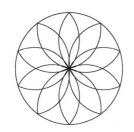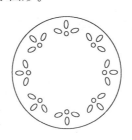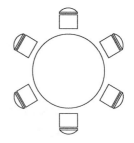

图 6-8 用阵列命令绘制图形

6.2 工 作 任 务

6.2.1 任务要求

用 CAD 绘制建筑立面图，参考样图如图 6-9 所示。该立面图为某宿舍楼的南立面图。

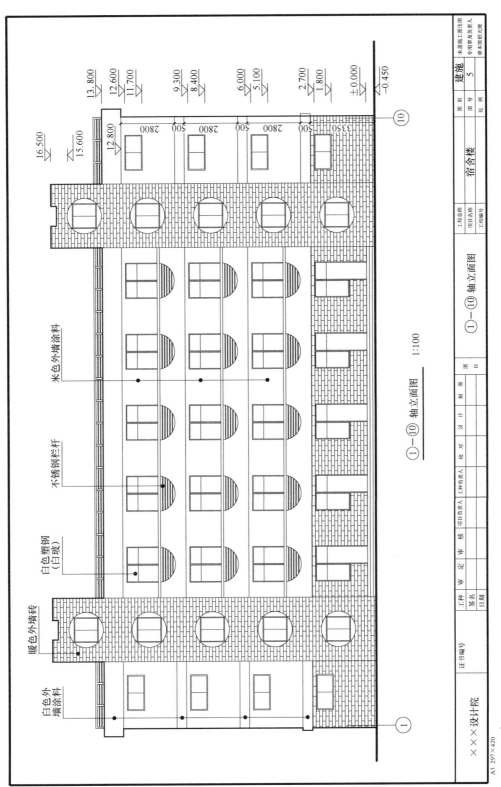

①—⑩ 轴立面图　　1:100

①—⑩ 轴立面图

图 6-9　某宿舍楼南立面图

6.2.2　绘图要求

1. 绘图比例为 1：1，出图比例为 1：100，采用 A3 图框；字体采用仿宋体。
2. 图中未明确标注的门窗分割尺寸、栏杆尺寸等，可自行估计。

6.3　绘　图　步　骤

6.3.1　设置绘图环境

一个文件中可有多个图形，我们不再新建一个文件，直接在已经完成的平面图的下方绘制建筑立面。绘图环境根据需要进行调整。

注：可以在原有图层管理器里，新建几个立面需要用到的图层，比如轮廓线层、填充层等，图层根据个人需要进行管理，本单元开始将不做具体规定。

6.3.2　绘制轴线、地坪线、外轮廓线

1. 绘制轴线

立面图轴线分为横向和竖向两组。竖向轴线对应平面图中的开间尺寸，横向轴线为建筑的层高线。操作步骤：

第 1 步：将当前层设置为轴线层。将平面图中的竖向轴线复制到图形下方合适位置。在竖向轴线靠下方绘制一条水平线，定义高度为±0.000 线。根据标高数据，用偏移生成横向轴线。

第 2 步：在竖向轴线靠下方绘制一条水平线，定义高度为±0.000。根据标高数据，用偏移向上生成横向轴线（图 6-10）。

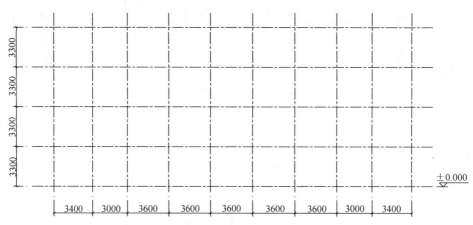

图 6-10　绘制轴线

注：本单元插图给出的尺寸为绘制参考尺寸，并非要求绘制的内容，后面不再注解。

2. 绘制地坪线

第 1 步：根据标高数据，将±0.000 线向下偏移 450，生成地坪线，并以地坪线为修剪边，修剪竖向轴线。（提示：将地坪线修改到相应的层。）

3. 绘制外轮廓线

第1步：将当前层设置为轮廓线层。输入 PL，空格，捕捉点 A 为基准点，然后输入相对直角坐标@-120，0，找到直线起点 B。

第2步：根据图纸尺寸绘制轮廓线（图 6-11）。

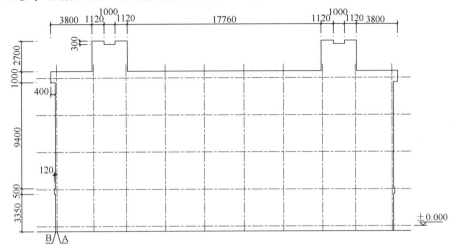

图 6-11　绘制轮廓线

第3步：绘制檐沟线、腰线等（图 6-12）。

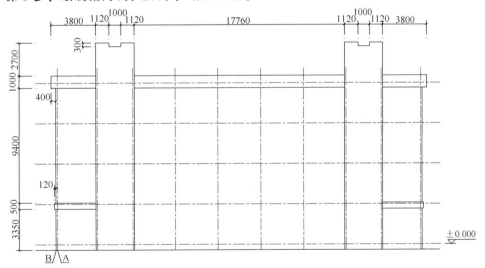

图 6-12　绘制檐沟线、腰线

6.3.3 绘制门窗、立面材料及其他

1. 绘制门窗

第1步：将当前层设置为门窗层。首先绘制底层最左侧窗。以轴线为基准线，根据平面图中窗的宽度尺寸和立面图中窗的高度尺寸，绘制窗洞辅助线如图 6-13（*a*）所示。用矩形命令绘制窗外轮廓，向内偏移 40 完成窗内侧轮廓线。在窗户宽度的中点绘制一直线，完成窗户的分割，如图 6-13（*b*）所示。

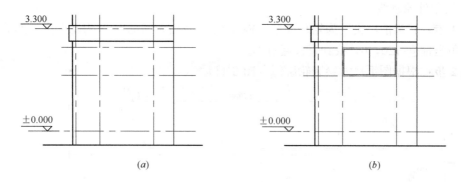

图 6-13 绘制底层最左侧窗

第 2 步：删除辅助线，将此窗进行矩形阵列。

参数设置为 4 行 1 列，行间距就是层高 3300，列间距为 0，然后将窗镜像到右侧，如图 6-14 所示。

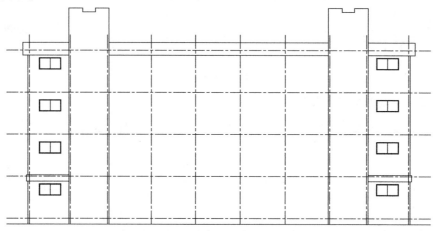

图 6-14 阵列后的窗

第 3 步：绘制左侧楼梯间底层圆窗。首先偏移轴线绘制窗洞辅助线，如图 6-15 (a) 所示，然后用矩形命令绘制窗外轮廓，向内偏移 40 完成窗内侧轮廓线。在窗户宽度中点绘制一直线，完成窗户的分割。以该直线中点 A 为圆心，AB 长度为半径做圆，如图 6-15 (b) 所示。

接着删除辅助线，将此窗矩形阵列，参数设置为 5 行 1 列，行间距就是层高 3300，

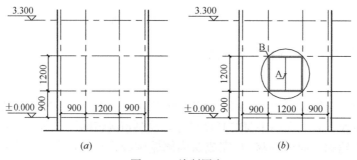

图 6-15 绘制圆窗

列间距为 0，然后将窗镜像到右侧，如图 6-16 所示。

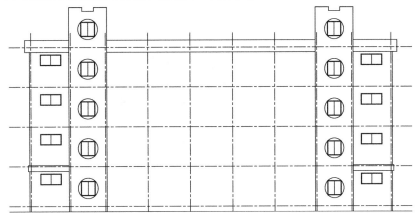

图 6-16 阵列后的圆窗

第4步：绘制二层左边第一间阳台。首先偏移轴线绘制窗洞辅助线，如图 6-17 (a) 所示，然后用矩形、修剪等命令绘制窗和扶手等（提示：具体参考上一步骤，注意及时将辅助线换到门窗层），如图 6-17 (b) 所示。以扶手中点 A 为圆心，绘制半径为 580 的圆，修剪成半圆。最后绘制水平栏杆，细部尺寸自行估计，如图 6-17 (c) 所示。

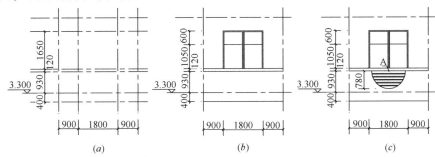

图 6-17 绘制阳台

接着将此窗进行矩形阵列，参数设置为 3 行 5 列，行间距就是层高 3300，列间距为开间尺寸 3600，并修剪多余线段，如图 6-18 所示。（提示：图 6-18 中圆圈部位线段，在

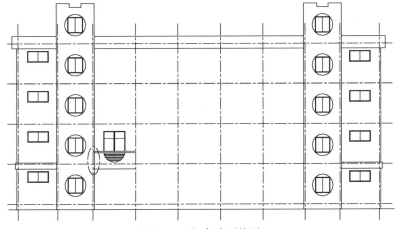

图 6-18 阳台阵列前图

阵列后再修剪，如图 6-19 所示。）

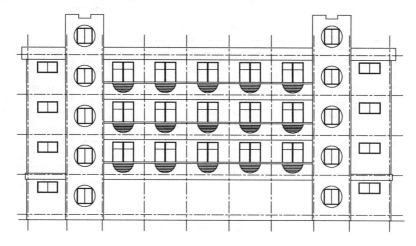

图 6-19 阳台阵列后图

第 5 步：绘制底层门连窗。首先绘制底层左侧单窗，尺寸如图 6-20 所示。（提示：具体绘制步骤参考第 2 步）。然后删除辅助线，并用复制命令完成底层门连窗绘制，如图 6-21。（提示：复制时可以以竖向轴线为复制的基点来保证复制的间距等于开间尺寸）。

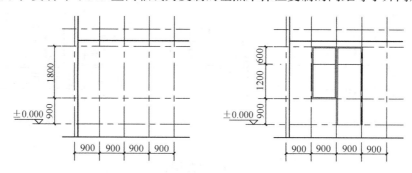

图 6-20 绘制门连窗

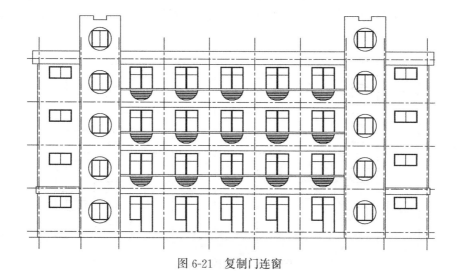

图 6-21 复制门连窗

2. 绘制立面材料及其他

第 1 步：将当前层设置为填充层。用图案填充命令（H）按图示要求填充图案，图案比例自行调整。（提示：为了填充边界的选择更方便，可将轴线层关闭后进行图案填充）。

第 2 步：将±0.000 线，向下偏移 2 廊踏步线，偏移距离为 150，并按图示修剪。

第 3 步：绘制屋顶上栏杆，细部尺寸自行估计。

第 4 步：用多段线修改命令（PE），将轮廓线加粗，线宽度为 50。接着用多段线命令（PL），将地坪线加粗，线宽度为 100。

6.3.4　标注尺寸、文字和标高

1. 标注尺寸
(1) 设置标注样式
(2) 按图纸要求进行尺寸标注
2. 文字标注
(1) 设置文字样式
(2) 输入文字
(3) 改文字高度
(4) 标注标高、绘制轴线号及其他符号

单 元 小 结

本单元我们结合工程实例，学习了建筑立面图的绘制方法。绘图顺序一般是先整体、后局部，先图样、后标注。

在本单元中用到的绘图和编辑命令见表 6-1。

本单元中用到的绘图和编辑命令　　　　　　　　表 6-1

序号	命令功能	命令简写	序号	命令功能	命令简写
1	绘制矩形	REC	11	圆角	F
2	绘制直线	L	12	镜像	MI
3	绘制圆	C	13	移动	M
4	多段线	PL	14	复制	CO
5	阵列	AR	15	对象特性	MO
6	偏移	O	16	文字样式	ST
7	修剪	TR	17	单行文字	DT
8	删除	E	18	多线	ML
9	拉伸	S	19	多段线编辑	PE
10	特性匹配	MA	20	图案填充	H

能 力 训 练 题

1. 用 CAD 绘制该宿舍楼的北立面图，参考样图如图 6-22 所示。绘制要求：
(1) 绘图比例为 1：1，出图比例为 1：100，采用 A3 图框；字体采用仿宋体。
(2) 图中未明确标注的门窗分割尺寸、栏杆尺寸等，可自行估计。

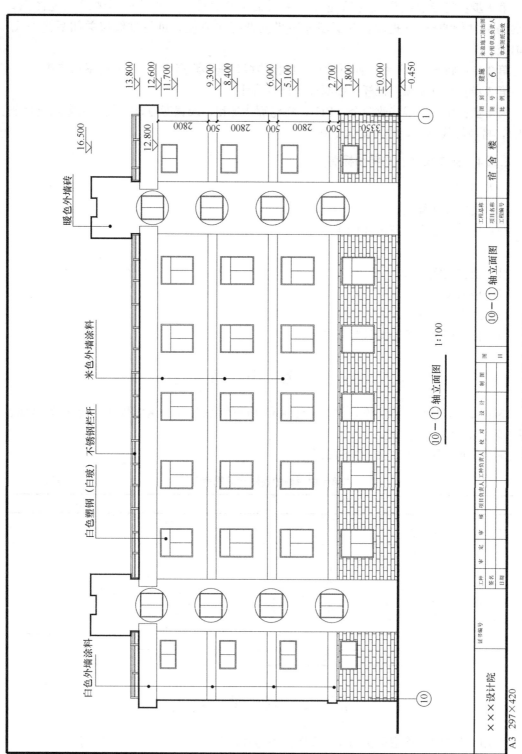

图 6-22 某宿舍楼北立面图

单元7 绘制建筑剖面图

7.1 工 作 任 务

7.1.1 任务要求

用 CAD 绘制建筑剖面图，参考样图如图 7-1 所示。该剖面图为某宿舍楼 1-1 剖面图。（样图中的侧立面图，由读者自行绘制，将不在本章节详细讲解）。

7.1.2 绘图要求

1. 绘图比例为 1：1，出图比例为 1：100，采用 A3 图框；字体采用仿宋体。
2. 图中未明确标注的楼板厚度尺寸、栏杆尺寸等，可自行估计。

7.2 绘 图 步 骤

7.2.1 设置绘图环境

可参考单元 5 的操作，在此不再赘述。

7.2.2 绘制轴线和中间层剖面

1. 绘制轴线

剖面图轴线分为横向和竖向两组。竖向轴线对应平面图中的进深尺寸，横向轴线为建筑的层高线。操作步骤：

第 1 步：将当前层设置为轴线层。打开正交模式（F8）。

第 2 步：在绘图区先绘制 B 号轴线。输入：L，空格，命令行提示【线的起始点】：在左侧靠下输入直线的起点；提示【角度（A）/长度（L）/指定下一点】：在右侧靠下输入直线下一点。然后根据轴线间尺寸，用偏移生成横向轴线。输入：O，空格，命令行【指定偏移距离或［通过（T）/拖拽（D）/删除（E）/图层（L）］：】＜通过＞，输入：1800，空格，完成 C 号。用鼠标左键点取 C 号轴线向右偏移 6300 生成 E 号线。完成竖向轴线绘制。

第 3 步：在竖向轴线上先用 L 命令绘制任意一条直线作为±0.000 处楼板线。然后根据层高尺寸，用偏移生成横向轴线，完成竖向轴网的绘制（图 7-2）。

2. 绘制中间层剖面

第 1 步：将当前层设置为墙体层。用多线命令（ML）绘制双线墙，墙厚 240。绘制完

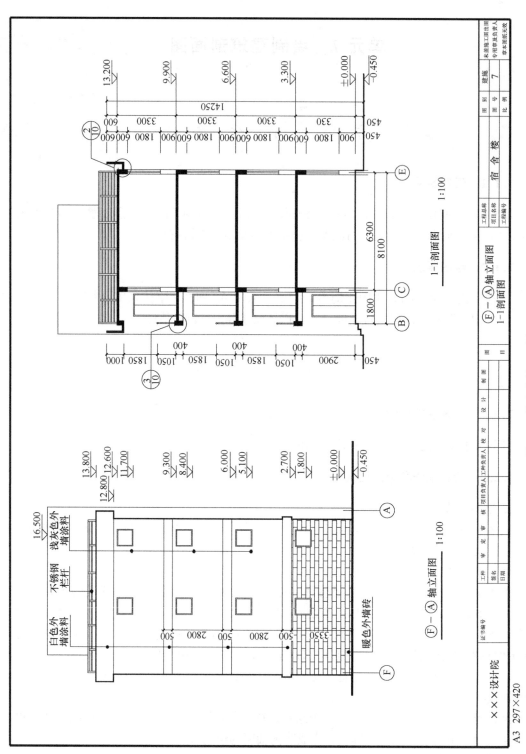

图 7-1 某宿舍楼 1-1 剖面图

毕后分解双线墙，并根据门窗高度尺寸，用偏移做窗户辅助线，如图7-3所示。

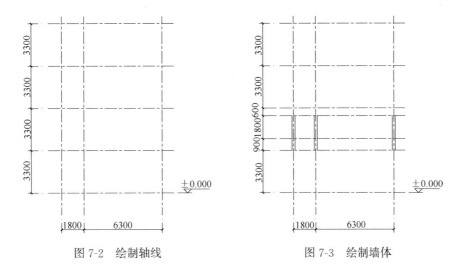

图 7-2　绘制轴线　　　　　　　　图 7-3　绘制墙体

第2步：用修剪命令（TR）整理出门窗洞口。

注：图线的图层用特性匹配命令（MA）及时转换。

第3步：将当前层设置为门窗层，绘制窗户，如图7-4所示（窗为四线窗，线间距为80）。

第4步：用偏移命令绘制楼板，厚度120，根据尺寸绘制梁高，宽度同墙厚。阳台栏杆自行绘制，如图7-5所示。

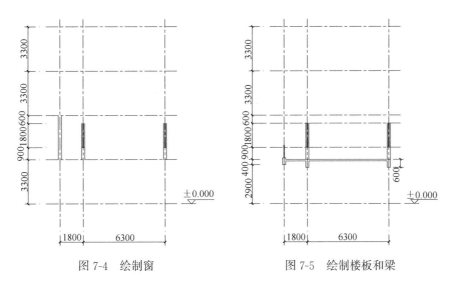

图 7-4　绘制窗　　　　　　　　图 7-5　绘制楼板和梁

7.2.3　绘制底层剖面和顶层剖面

第1步：删除窗户辅助线。用拷贝命令（CO）复制中间层剖面，以层高轴线为基准点。向上复制两层，向下复制一层。如图7-6所示。

第2步：修改底层剖面。根据层高尺寸向下偏移绘制地坪线，并根据详图尺寸完成室内外台阶的绘制。

　　第 3 步：修改顶层剖面。先在楼板两端绘制檐沟轮廓，然后在楼板上绘制栏杆。最后根据平面位置用直线命令绘制楼梯间投影轮廓线。

　　第 4 步：将当前层设置为墙体层。用多段线命令（PL），加粗地坪线，线宽设置为100。如图 7-7 所示。

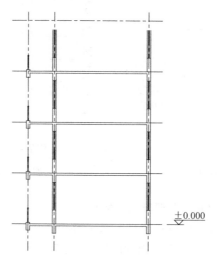

图 7-6　复制中间层剖面图

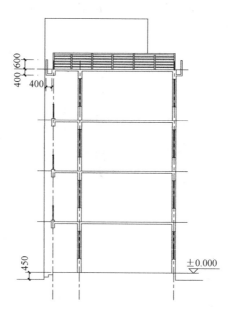

图 7-7　修改底层和顶层剖面图

7.2.4　图案填充及标注尺寸和文字

1. 图案填充

将当前层设置为填充层。按图示要求，将结构层填充。

2. 尺寸标注

（1）设置标注样式

（2）按图纸要求进行尺寸标注

（3）绘制详图索引号

3. 文字标注

（1）设置文字样式

（2）输入文字

（3）改文字高度

具体操作方法参见单元5。

单 元 小 结

本单元结合工程实例，我们学习了建筑剖面图的绘制方法。绘图顺序一般是先整体、后局部，先图样、后标注。

在本单元中用到的绘图和编辑命令见表 7-1。

本单元用到的绘图和编辑命令　　表 7-1

序号	命令功能	命令简写	序号	命令功能	命令简写
1	绘制直线	L	8	图案填充	H
2	绘制圆	C	9	复制	CO
3	多段线	PL	10	对象特性	MO
4	偏移	O	11	文字样式	ST
5	修剪	TR	12	单行文字	DT
6	删除	E	13	多线	ML
7	特性匹配	MA	14	多段线编辑	PE

能 力 训 练 题

我们在单元5、单元6、单元7中已经学习了建筑平面图、建筑立面图、建筑剖面图的绘制，作为建筑施工图中不可缺少的图纸还有一类，就是建筑详图。建筑详图的图示方法常用局部平面图、局部立面图、局部剖面图等表示，具体视各部位情况而定。因此我们不再介绍建筑详图的绘制方法，大家可以自己练习。

1. 用CAD绘制楼梯平面图和剖面图，参考样图如图 7-8、图 7-9 所示。绘制要求：

（1）绘图比例为 1∶1，出图比例为 1∶50，采用 A3 图框；字体采用仿宋体。

（2）图中未明确标注的檐口等，可自行估计。

2. 用CAD绘制节点详图，参考样图如图 7-10 所示。绘制要求：

（1）绘图比例为 1∶1，出图比例为 1∶20，采用 A3 图框；字体采用仿宋体。

（2）图中未明确的尺寸，可自行估计。

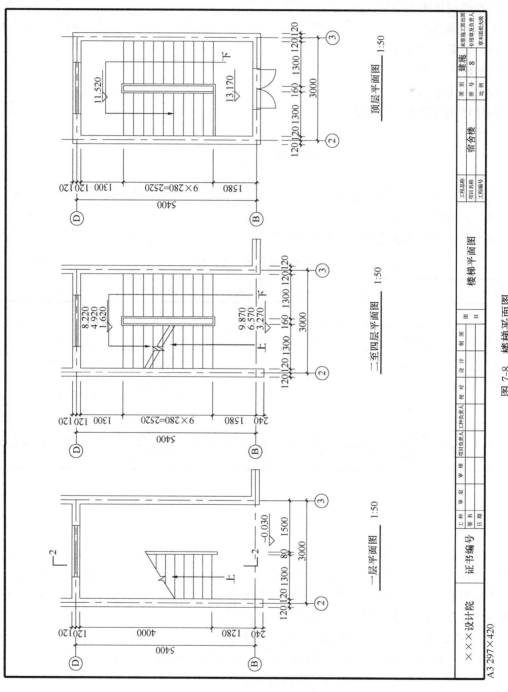

图 7-8　楼梯平面图

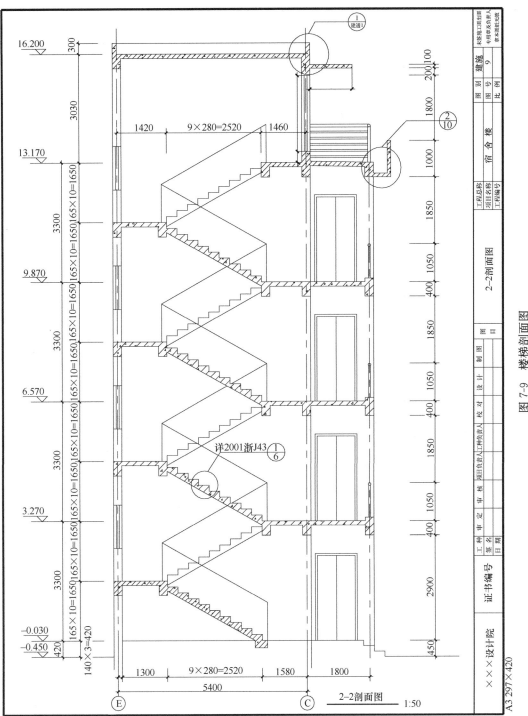

图 7-9 楼梯剖面图

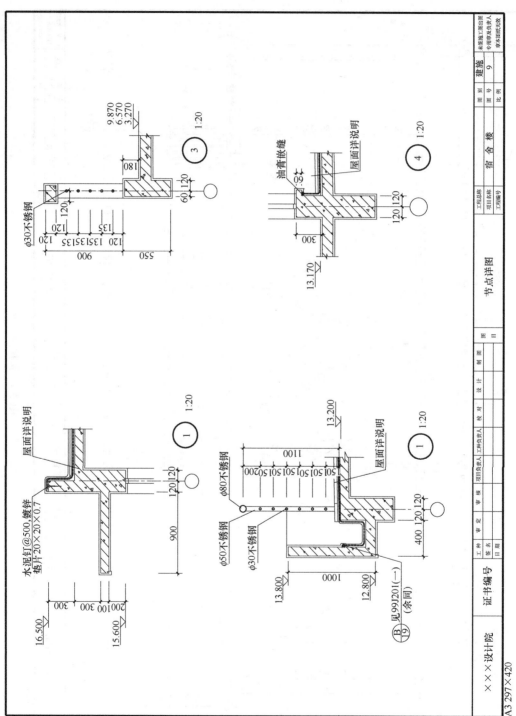

图 7-10 节点详图

单元 8　绘制正等轴测图

8.1　工　作　任　务

8.1.1　任务要求

用 CAD 绘制正等轴测图，参考样图如图 8-1 所示。

8.1.2　绘图要求

绘图比例为 1：1，尺寸不需要标注。

8.1.3　绘图步骤

1. 绘设置绘图环境

绘图环境的设置可参考单元 2 的操作，在此不再赘述。

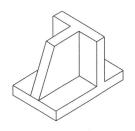

图 8-1

2. 分析图形并绘制

形体分析：该立体可以看成是由形体 1、2、3 叠加形成的立体，如图 8-2 所示，画轴测时，可以先画出形体 1，再把形体 2，3 叠加上去。

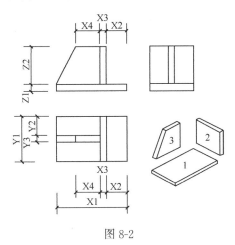

图 8-2

在前几章，我们已经为大家介绍了 CAD 的基本绘图命令和基本编辑命令。本章节给大家介绍如何利用 CAD 来绘制正等轴测图。

第 1 步：打开对象捕捉设置，选择捕捉和栅格选项，在捕捉类型选项里，选择等轴测捕捉，如图 8-3 所示。

第 2 步：使用 L（直线命令），根据尺寸做出长边 X1，然后通过按 F5 来切换等轴测捕捉的方向，完成 Y1，Z1，如图 8-4（a）所示。

第 3 步：利用对象追踪，在相应的棱线上沿轴测轴方向，量取 X2，X3，Z，Y1 等距离，应用"平行性"原理，配合 F5 来切换等轴测捕捉的方向，完成形体 2 的轴测投影，如图 8-4（b）所示。

第 4 步：同上方法完成形体 3 的轴测投影，如图 8-4（c）所示，修剪多余线段（图中圆圈处）。

第 5 步：完成正等轴测图的绘制，如图 8-4（d）所示。

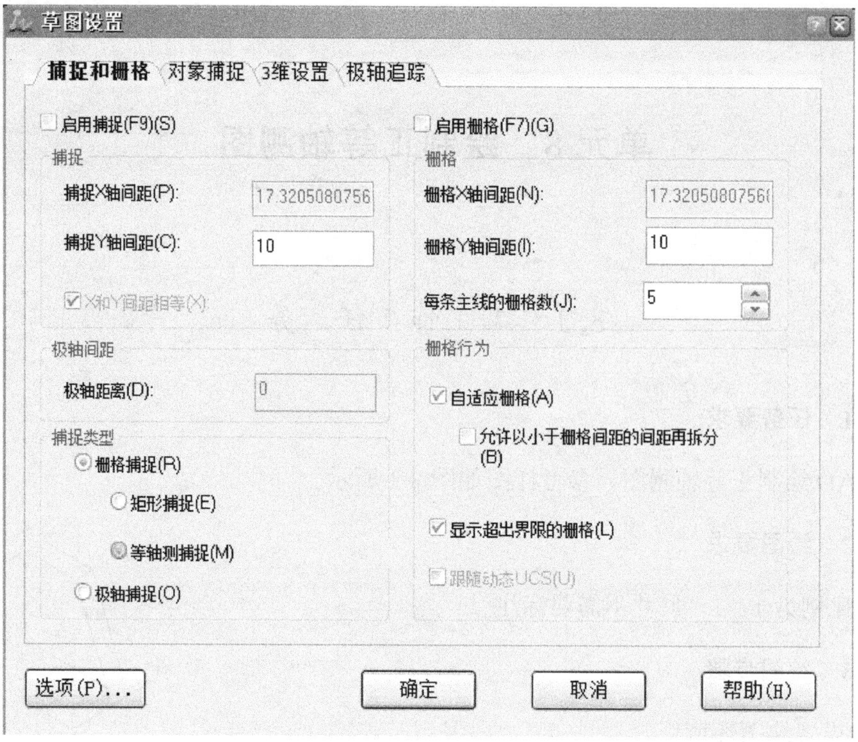

草图设置
捕捉和栅格
对象捕捉
3维设置
极轴追踪
启用捕捉(F9)(S)
捕捉
捕捉X轴间距(P):
17.3205080756
捕捉Y轴间距(C):
10
X和Y间距相等(X)
极轴间距
极轴距离(D):
0
捕捉类型
栅格捕捉(R)
矩形捕捉(E)
等轴测捕捉(M)
极轴捕捉(O)
启用栅格(F7)(G)
栅格
栅格X轴间距(N):
17.3205080756
栅格Y轴间距(I):
10
每条主线的栅格数(J):
5
栅格行为
自适应栅格(A)
允许以小于栅格间距的间距再拆分(B)
显示超出界限的栅格(L)
跟随动态UCS(U)
选项(P)...
确定
取消
帮助(H)

图 8-3 草图设置

Z2
Y1
X1
(a)
Y1
Z2
X2
X3
(b)
X4
Y2
Y3
Z2
Y2
Y3
(c)
(d)

图 8-4

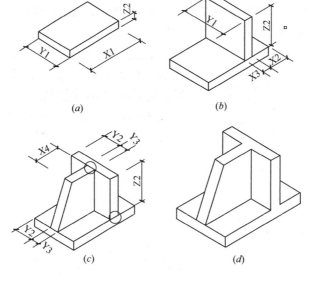

单元 9　图形信息查询与管理

9.1　图形信息查询

9.1.1　识别图形坐标（ID）

1. 功能

ID命令能识别图形中任一点的坐标。显示的信息包含 X 坐标值、Y 坐标值、Z 坐标值。

2. 操作步骤

第1步： ◆ 鼠标左键单击下拉菜单栏【工具】，移动光标到【查询】，
再选择点击【点坐标】。

图 9-1　"定位点"按钮

◆ 或者在"查询"工具栏点击"定位点"按钮（图 9-1）。

◆ 或者在命令行提示【命令：】栏输入：ID，并确认。

第2步： 此时命令行窗口提示【指定点】，用鼠标左键在需要查询的点上点击一次，命令提示行即显示列表，如图 9-2 所示。

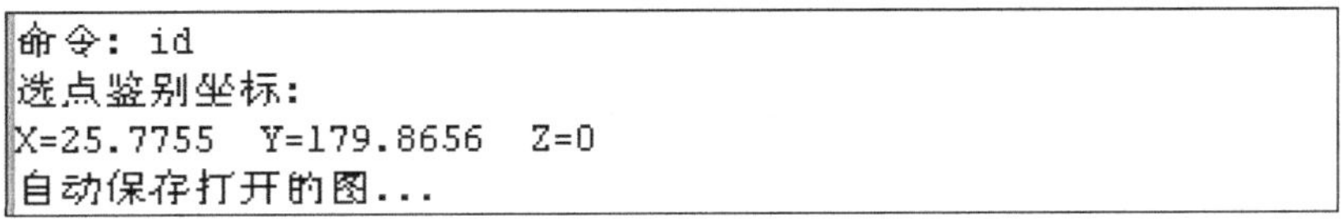

```
命令: id
选点鉴别坐标:
X=25.7755  Y=179.8656  Z=0
自动保存打开的图...
```

图 9-2　列表详图

9.1.2　列出图形数据库信息（List）

1. 功能

List 命令用于获取图形中单个或多个对象的信息。

2. 操作步骤

图 9-3　"列表"按钮

第1步： ◆ 鼠标左键单击下拉菜单栏【工具】，移动光标到【查询】，再选择点击【列表显示】。

◆ 或者在"查询"工具栏点击"列表"按钮（图 9-3）。

◆ 或者在命令行窗口提示【命令：】栏输入：List 或 LI，并确认。

第2步： 此时命令行窗口提示【选择对象】时，用鼠标左键选择被查询的对象，都选择后，按确认键结束即弹出（图 9-4）。

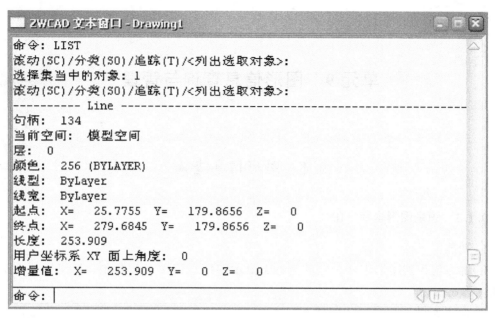

图 9-4   文本窗口

9.1.3   查询距离 (Dist)

1. 功能

计算两点间距离、点之间相对位置的夹角。

2. 操作步骤

第 1 步： ◆ 鼠标左键单击下拉菜单栏【工具】，移动光标到【查询】，
再选择点击【距离】。

◆ 或者在"查询"工具栏点击"距离"按钮（图 9-5）。

◆ 或者在命令行窗口提示【命令：】栏输入：Dist 或 DI，
并确认。

图 9-5   "距离"
查询按钮

第 2 步： 此时命令行窗口提示【指定第一点】时，用鼠标左键在需要量取的线段一端
端点位置点击一次，命令行窗口提示【指定第二点】时，用鼠标左键在需要量取的线段另
一端点位置点击一次，命令提示行即显示结果（图 9-6）。

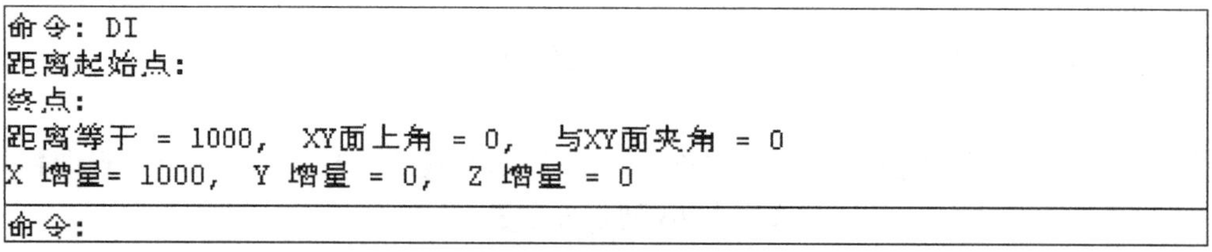

```
命令：DI
距离起始点：
终点：
距离等于 = 1000，  XY面上角 = 0，  与XY面夹角 = 0
X 增量= 1000，  Y 增量 = 0，  Z 增量 = 0
命令：
```

图 9-6   命令行显示

9.1.4   查询面积和周长（Area）

1. 功能

计算当前绘制单位表示的封闭对象的面积和周长。

2. 操作步骤

第1步： ◆ 鼠标左键单击下拉菜单栏【工具】，移动光标到【查询】，再选择点击【面积】。

图9-7 "面积"查询按钮

◆ 或者在"查询"工具栏点击"面积"按钮(图9-7)。

◆ 或者在命令行窗口提示【命令:】栏输入：Area 或 AA，并确认。

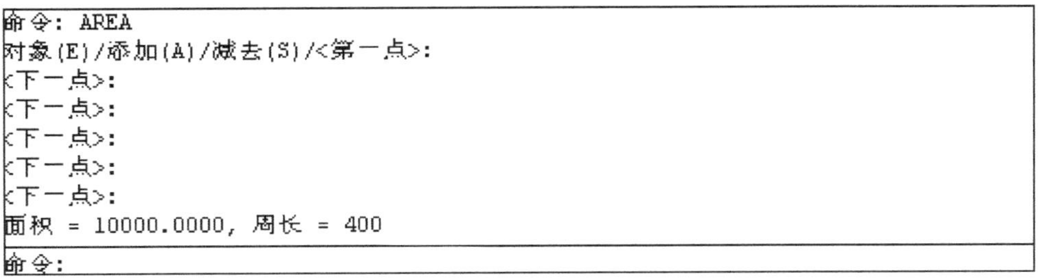

```
命令: AREA
对象(E)/添加(A)/减去(S)/<第一点>:
<下一点>:
<下一点>:
<下一点>:
<下一点>:
<下一点>:
面积 = 10000.0000, 周长 = 400
命令:
```

图9-8 命令行显示

第2步： 此时命令行窗口提示【指定第一个角点或[对象(O)/加(A)/减(S)]】时，用鼠标左键点击被查询图形的一个角点，命令行窗口提示【指定下一个角点】时，用鼠标左键在相邻角点位置点击一次，直到键入所有需要的点为止，确认后，命令行显示结果（图9-8）。

在 Area 命令下，用户如果选项"对象"选项，可计算圆、多义线、椭圆、多边形、曲边形和三维立体图形的面积和周长。操作步骤如下：

第1步： ◆ 鼠标左键单击下拉菜单栏【工具】，移动光标到【查询】，再选择点击【面积】。

◆ 或者在绘图工具栏点击面积按钮。

◆ 或者在命令行窗口提示【命令:】栏输入：Area，并确认。

第2步： 此时命令行窗口提示【指定第一个角点或［对象（O）/加（A）/减（S）］】时，在命令提示行中输入：O，并确认，命令行窗口提示【选择对象】时，用鼠标左键点击要查询图形任意位置，即能得出需要的信息。

3. 相关链接

当绘图比例为1：1时，查询得到的面积单位为 mm^2，周长单位为 mm。我们通常面积用 m^2，周长用 m 表达，因此需要进行单位换算。

9.2 图形信息管理

9.2.1 打开图形信息管理器(Adcenter)

打开图形信息管理器的方式有多种：

◆ 鼠标左键单击下拉菜单栏【工具】，再选择点击【设计中心】。

图9-9 "设计中心"按钮

◆ 或者单击"标准"工具栏的"设计中心"按钮(图9-9)。

◆ 或者在命令行窗口提示【命令:】栏输入：Adcenter，并确认。

◆ 或者按下快捷键 CTRL＋2 组合按钮，都可以打开"设计中心"选项板（图9-10）。

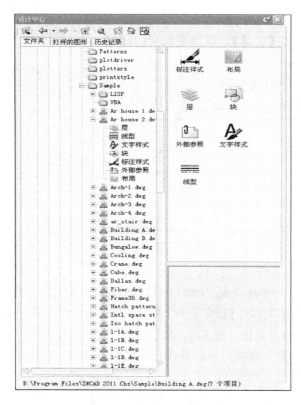

图 9-10　"设计中心"选项板

9.2.2　图形信息管理的功能

通过设计中心，可以方便地共享 CAD 图形中的设计资源，组织对图形、块、图案填充和其他图形内容的访问，或将块、图形和填充拖动到工具选项板上，还可以将源图形中的任何内容拖动到当前图层中。另外，如果打开了多个图形，则可以通过设计中心在图形之间复制和粘贴其他内容（如定义图层、定义布局和文字样式）来简化绘图过程。

主要功能有：

（1）浏览用户计算机、网络驱动器、Web 页面上的图形内容。

（2）更新（重定义）块定义。

（3）在定义表中查看图形文件中命名对象（如图块和图层）的定义，然后将定义插入、复制和粘贴到当前图形中。

（4）创建指向常用图形、文件夹和 Internet 网址的快捷方式。

（5）向图形添加内容（例如外部参照、块和填充）。

（6）在新窗口中打开图形文件。

（7）将图形、块和填充拖动到工具选项板上以便于访问。

9.2.3　观察图形信息

使用设计中心选项板中的工具栏和选项板，可以方便的查看图形中的图块、标注样式、布局、图层、线型、图案填充和外部参照等信息。

1. 工具栏

设计中心工具栏控制树状图和内容区中的信息浏览和显示（图 9-11）。

工具栏的各按钮功能介绍如下：

（1）加载：显示"加载"对话框，可以浏览本地和网络驱动器或 Web 上的文件，然后选择内容加载到内容区域。

（2）上一页：返回到历史记录列表中最近一次的位置。

（3）下一页：返回到历史记录列表中下一次的位置。

（4）上一级：显示当前容器上一级容器的内存。

（5）搜索：用于快速查找对象。单击便可显示"搜索"对话框，从中可以指定搜索条件一遍在图形中查找

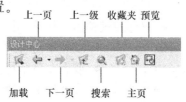

图 9-11　"设计中心"工具栏

图形、块和非图形对象。

（6）收藏夹：在内容区域中显示"收藏夹"文件夹的内容。"收藏夹"文件夹包含了经常访问项目的快捷方式。

（7）主页：将设计中心返回到默认文件夹。

（8）树状图切换：显示和隐藏树状视图。如果绘图区域需更多空间，请隐藏树状图。

（9）预览：显示和隐藏内容区域窗格中的预览窗口。如果选定项目没有保存的预览图像，"预览"区域将为空。

（10）说明：显示和隐藏内容区域窗格中的文字说明窗口。如果事实显示预览图像，文字说明将位于预览图像下面。如果选定项目没有保存的说明，"说明"区域将为空。

（11）视图：加载到内容区域中的内容提供不同的显示格式。用户可以从"视图"列表中选择一种视图，获知重复单击"视图"按钮在各种显示格式之间循环切换。

在联机设计中心选项卡的工具栏中还有"停止"和"刷新"两个按钮。

（1）停止：停止当前网络信息的传输。

（2）刷新：重新加载当前页面。

2. 选项卡

设计中心选项卡可以很容易地帮助用户查找内容并将内容加载到内容区中。

（1）文件夹

显示计算机或网络驱动器（包括"我的电脑"和"网上邻居"）中的文件和文件夹的层次结构图（图 9-12）。

（2）打开的图形

图 9-12 层次结构图

显示当前工作环境中打开的所有图形，包括最小化的图形（图 9-13）。如果单击某个文件图标，就可以看到该图形的相关设置，如文字样式、尺寸样式、图层和线型等。

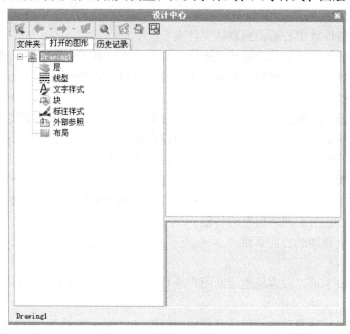

图 9-13 打开的图形设置

（3）历史记录

显示最近在设计中心打开的文件的列表以及其他完整的路径。显示历史记录后，在一个文件上单击鼠标右键显示此文件信息或从"历史记录"（图 9-14）列表中删除此文件。

图 9-14 历史记录

单 元 小 结

CAD绘图与手工绘图相比，除了速度快、精度高、图面美观清晰、便于修改的优点外，还有很重要的一点，CAD保存了绘制图形的信息，我们可以通过系统提供的命令进行图形信息的查询与管理，这是手工绘图无法做到的。本单元介绍了CAD中的查询与管理命令，见表9-1。

本单元用到的查询和管理命令　　　　　　　　　　表 9-1

序号	命令功能	命令简写	序号	命令功能	命令简写
1	识别图形坐标	ID	4	查询面积和周长	AA
2	列出图形数据库信息	LI	5	打开图形信息管理器	Adcenter
3	查询距离	DI			

能 力 训 练 题

1. 打开单元5能力训练题中绘制的某宿舍楼二至四层平面图（图5-50），查询以下信息：

（1）走廊栏杆图线所在的图层，栏杆的总长度。

（2）每间宿舍门后柜子的长度。

（3）二层平面的建筑面积。

（4）每间宿舍的户内使用面积。

（5）二层平面的外轮廓周长。

2. 打开单元6能力训练题中绘制的某宿舍楼北立面图（图6-22），计算北立面暖色外墙砖的面积。

单元 10 图 形 输 出

在 CAD 中，图形可以从打印机上输出为纸制的图纸，也可以将图形转换为其他类型的图形文件，如 bmp、wmf 等，以达到和其他软件兼容的目的。图形输出是 CAD 绘图中一个重要的环节，是我们必须掌握的技能。

10.1 手工绘图和 CAD 绘图

由于 CAD 的特殊性，绘图范围不受限制，而且视图可以随意放大或缩小，使得初学者反而对绘制图形的大小和比例取值无法准确把握，在 CAD 绘图时经常会弄不清楚绘图比例和出图比例的关系，图纸输出后发现很多问题。在单元 1 的多段线命令中，我们曾介绍过有关手工绘图与 CAD 绘图的不同，下面我们再分别说明这二者之间的区别，以便于理解 CAD 绘图中应注意的几个方面。

10.1.1 绘制尺寸

以建筑平面图为例，出图比例为 1：100（即图纸上的 1mm 表示实际尺寸 100mm）。

（1）手工绘图：如果绘制工程中实际长度为 3600mm 的墙体，根据出图比例 1：100，我们在图纸上绘制墙体长度应该是实际长度缩小 100 倍，即 36mm。

（2）CAD 绘图：CAD 中图形是根据图形单位进行测量的，绘图前必须设定 1 个图形单位代表的实际大小，1 个图形单位的距离可以表示实际单位的 1mm 或 10mm 或 100mm。CAD 绘制建筑工程图时，为了避免手工绘图时计算比例的麻烦，我们通常以 1 个图形单位的长度表示实际工程中的 1mm。因此，实际长度为 3600mm 的墙体，CAD 中绘制墙体长度 3600 个单位。待图纸绘制完毕后，我们在图形输出时设置出图比例为 1：100（即出图时 1mm 等于图纸中的 100 个单位），CAD 中的图纸将缩小 100 倍出图。这样 3600 个单位的墙体长度缩小 100 倍，输出后图纸中的大小为 36mm，与手工绘图完全相同。

再以建筑节点详图为例，出图比例为 1：20（即图纸上的 1mm 表示实际尺寸 20mm）。

（1）手工绘图：如果绘制厚度为 240mm 的墙体，根据出图比例 1：20，我们在图纸上绘制的墙体厚度是实际长度缩小 20 倍，即 12mm。

（2）CAD 绘图：如果绘制厚度为 240mm 的墙体，我们绘制的墙体厚度就是 240，但是在图形输出时设置出图比例为 1：20，出图时 240 缩小 20 倍，即 12mm。

因此，我们在 CAD 绘图时，凡是实际工程中的尺寸都可以按照实际尺寸 1：1 绘制，不需要进行换算，在图形输出时设置好出图比例就可以了。

10.1.2 设置文字高度

以建筑总平面图为例，出图比例为 1：500，图名字高 7mm。

（1）手工绘图：字高就是 7mm。

（2）CAD 绘图：由于绘图比例和出图比例的不同，字高需要换算。当我们采用绘图比例 1：1，出图比例 1：500，设置字高为 7mm×500＝3500mm。

再以建筑平面图为例，出图比例为 1：100，图名字高 7mm。

（1）手工绘图：字高就是 7mm。

（2）CAD 绘图：由于绘图比例和出图比例的不同，当我们采用绘图比例 1：1，出图比例 1：100，设置字高为 7mm×100＝700mm。

因此，我们在 CAD 绘图时，字高的设置必须根据绘图比例和出图比例的关系进行换算。

注：（1）同一种图案类型的填充比例也会随绘图比例和出图比例的不同而需要调整。

（2）在尺寸标注样式中，我们设置的字高、偏移量、箭头大小等尺寸都是以实际出图后的数字设定。这是由于标注样式中有一个全局比例，可以进行调整，所以不需要对文字高度、偏移量、箭头大小等尺寸都进行换算，避免麻烦。

10.1.3 设置 PL 线宽

CAD 中如果采用 PL 命令绘制粗线，那么线宽需要进行设置。以建筑平面图为例，出图比例为 1：100，平面图中的墙线为粗线，线宽 0.5mm。

（1）手工绘图：绘制的墙线线宽就是 0.5mm。

（2）CAD 绘图：由于绘图比例和出图比例的不同，线宽需要换算。当我们设置绘图比例 1：1，对于 0.5mm 的墙线，设置 PL 线宽为 0.5mm×100＝50mm。待图纸绘制完毕后，我们在图形输出时设置出图比例为 1：100，出图时 50mm 宽的线缩小 100 倍，即 0.5mm，这样输出后的线宽大小与手工绘图相同。

再以建筑节点详图为例，出图比例为 1：20，墙身详图中的墙线为粗线，线宽 0.5mm。

（1）手工绘图：绘制的墙线线宽就是 0.5mm。

（2）CAD 绘图：当我们采用绘图比例 1：1，对于 0.5mm 的墙线，设置 PL 线宽为 0.5mm×20＝10mm。待图纸绘制完毕后，我们在图形输出时设置出图比例为 1：20，出图时 10mm 宽的线缩小 20 倍，即 0.5mm。

因此我们在 CAD 绘图时，PL 线宽的设置必须根据绘图比例和出图比例的关系进行换算。

注：如果绘图中按照单元 5 中通过颜色划分粗细线的绘制方法，最后采用颜色相关样式打印出图，就不需要进行 PL 线宽的设置。

俗话说眼见为实，我们在学习 CAD 绘图时，一定要将图纸打印输出，才能看到真实的绘图效果，根据实际效果再进行调整修改，这样才能更好地理解并掌握 CAD 绘图方法。

总而言之，在 CAD 绘图中，当设定 1 个图形单位代表实际工程中的 1mm，我们对工程中的实物尺寸，都可以直接按照实际尺寸 1：1 绘制，但是对于图纸中由于制图标准要求而添加的内容，比如线宽、文字、填充图案、索引符号等的大小，我们在绘图时，必须根据绘图比例和出图比例的关系进行调整。等图纸全部完成后，在图纸输出时通过设置出图比例来得到与手工绘图完全相同的效果。

10.2 打 印 设 置

图形在 CAD 中绘制完成后，可以将其打印输出到图纸上。打印时，首先要设置打印参数，如选择打印设备、设定打印样式、指定打印区域等，这些参数的设置是十分关键的。

下面我们先以单元 3 中绘制的"施工现场平面布置图"为例，介绍图纸输出打印的操作步骤，重点讲解打印过程中的参数设置。

注：单元 3 中绘制的"施工现场平面布置图"绘图比例 1：1，出图比例 1：500，图纸为 A3。

第 1 步：◆ 鼠标左键单击下拉菜单栏【文件】，选择点击【打印】。

     ◆ 或者在"标准"工具栏点击"打印"按钮（图 10-1）。

     ◆ 或者在命令行提示【命令：】栏输入：Plot，并确认。

     第 2 步：此时系统弹出"打印"对话框，在"打印机/绘图仪"栏，进行

图 10-1 "打 打印设备、纸张大小、打印份数等设置。打印设备根据实际情况选用自己的
印"按钮 打印机型号，纸张设置：A3，打印份数：1，如图 10-2 所示。

图 10-2 "打印"对话框

注：本图中选择的打印设备为虚拟打印机。

如要修改当前打印机配置，可单击名称后的【属性】按钮，在系统弹出的对话框中可

进行打印机的输出设置，如打印介质、图形、自定义图纸尺寸等。

第3步：在"打印样式表"栏，点击下列箭头，选择 monochrome.ctb，然后点击【修改】按钮。

注：（1）扩展名为 ctb 是指采用颜色相关打印样式，可以对图形中每个颜色设置不同的特性，进行打印的样式，颜色可以有 255 种之多。

（2）monochrome 是单色的意思，打印出来的图纸为单色，也就是通常说的黑白打印。

（3）CAD 中有两种打印样式：颜色相关打印样式（＊.ctb）和命名打印样式（＊.stb）。采用颜色相关打印样式，打印时通过图形对象的颜色来设置绘图仪的笔号、笔宽及线型。命名打印样式不考虑图形对象的颜色，直接指定给任一图层和图形对象。

第4步：此时系统弹出"打印样式编辑器"对话框，如图 10-3 所示。"打印样式"栏内有 255 种颜色，"特性"栏内为颜色、线型、线宽等输出后的特性。用户在"打印样式"栏点击需要修改的颜色，然后在"特性"栏进行修改设置。由于我们打印的"施工现场平面布置图"不需要进行颜色修改设置，因此直接点击【确定】按钮退出。

图 10-3　"打印样式编辑器"对话框

注：（1）由于第 3 步中选择了 monochrom.ctb（黑白打印样式），因此"特性"栏中的颜色为黑色。

（2）如果打印的图纸不需要进行颜色修改设置，例如我们现在打印的"施工现场平面布置图"，第 3 步中无需点击【修改】按钮，这样直接跳过第 4 步，进行第 5 步的操作。

第5步：此时系统返回"打印"对话框，在"打印区域"栏选择打印范围为：窗口。系统切换到绘图界面，用户窗选需要打印的范围，我们选择点取 A3 图框的左上角点和右下角点。

注：打印范围中有 4 个选项，窗口为最常用的方法，即用矩形窗口选取打印区域。

第6步：此时系统返回"打印"对话框，将"布满图纸"前面的勾取消，设置比例为：自定义，1毫米＝500单位。

注：（1）此处的比例就是我们前面所说的出图比例，"施工现场平面布置图"绘图比例1：1，出图比例1：500，因此我们设置为1毫米＝500单位。

（2）"布满图纸"的选项是用来精度要求不高，无需按照比例打印时使用。

第7步：在"图形方向"栏，修改方向为：横向。

第8步：在"打印偏移"栏，修改X和Y值均为：0，此时调整设置后的"打印"对话框如图10-4所示。

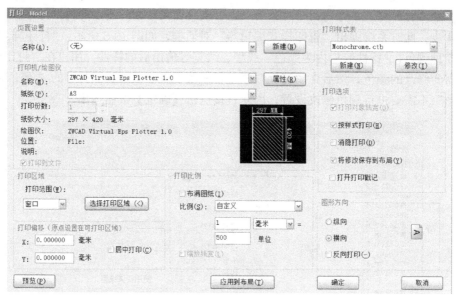

图10-4 调整设置后的"打印"对话框（1：500）

第9步：点击【预览】按钮，我们就可以预览打印后的图形效果，如图10-5所示。

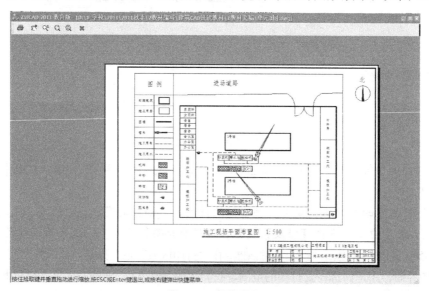

图10-5 打印预览

如果准确无误，我们可以在预览效果的界面下，点击鼠标右键，在弹出的快捷菜单中选择打印选项，即可直接在打印机上出图。也可以退出预览界面，在"打印"对话框上点击【确定】按钮出图。

下面我们再以单元 5 中绘制的"一层平面图"为例，介绍图纸输出打印的操作步骤，重点讲解颜色相关打印样式的设置。

注：单元 5 中绘制的"一层平面图"绘图比例 1∶1，出图比例 1∶100，图纸为 A3，墙体颜色设置为黄色。

第 1 步：◆ 鼠标左键单击下拉菜单栏【文件】，选择点击【打印】。

◆ 或者在"标准"工具栏点击"打印"按钮（图 10-1）。

◆ 或者在命令行提示【命令：】栏输入：Plot，并确认。

第 2 步：此时系统弹出"打印"对话框，在"页面设置"栏，点击"名称"的下拉箭头，选择"＜上一次＞"。

注：如果此前没有进行过打印操作，则按照"施工现场平面布置图"中的第 2 步和第 3 步进行操作，然后接下面的第 4 步操作。

第 3 步：此时系统的"打印"对话框显示上一次打印时的设置内容。由于我们刚对"施工现场平面布置图"进行打印设置，所以显示的内容同图 10-4 所示。点击"打印样式表"栏的【修改】按钮。

第 4 步：此时系统弹出"打印样式编辑器"对话框，在"打印样式"栏内选择：黄色 color-2，"特性"栏内线宽设置为：0.500 毫米，如图 10-6 所示。点击【确定】按钮退出。

第 5 步：此时系统返回"打印"对话框，在"打印区域"栏选择打印范围为：窗口。系统切换到绘图界面，用户窗选须要打印的范围，我们选择点取 A3 图框的左上角点和右

图 10-6　颜色线宽设置

下角点。

第 6 步：此时系统返回"打印"对话框，设置比例为：自定义，1 毫米＝100 单位。同时，确定"图形方向"栏的修改方向为：横向。"打印偏移"栏的 X 和 Y 值均为：0，此时调整设置后的"打印"对话框如图 10-7 所示。

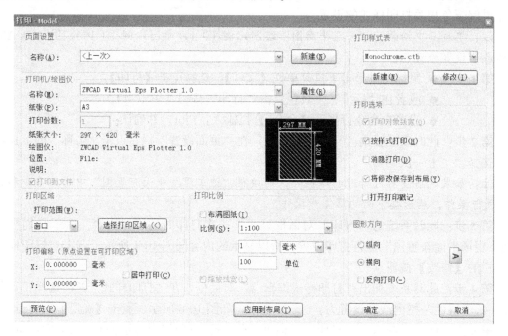

图 10-7　调整设置后的"打印"对话框（1∶100）

第 7 步：点击【预览】按钮，我们就可以预览打印后的图形效果，如图 10-8 所示。可以放大观看，我们就能看到墙线已经加粗。如果准确无误，在预览效果的界面下，点击

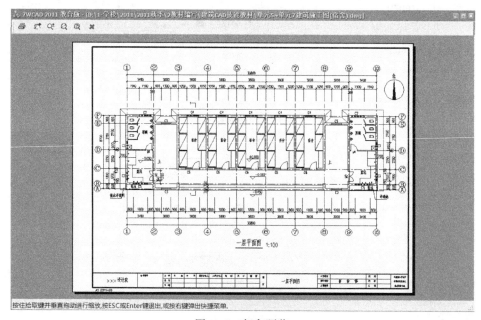

图 10-8　打印预览

鼠标右键，在弹出的快捷菜单中选择打印选项，即可直接在打印机上出图。也可以退出预览界面，在"打印"对话框上点击【确定】按钮出图。

10.3　图 形 转 换 输 出

CAD除了常用的DWG图形格式文件外，还支持多种格式的转换输出，将 dwg 图形转换为其他类型的图形文件，如 bmp、wmf 等，以达到和其他软件兼容的目的。操作步骤如下：

第1步：◆ 鼠标左键单击下拉菜单栏【文件】，选择点击【输出】。

◆ 或者在命令行提示【命令：】栏输入：Export，并确认。

第2步：选取所需的图形文件类型，如图 10-9 所示。当前图形文件将输出到所选取的文件类型。

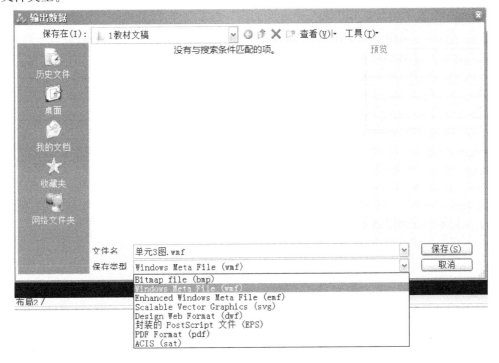

图 10-9　输出命令对话框

从图 10-9 中我们可以看到 CAD 的转换输出文件有 8 种类型，都是常用的文件类型，能够保证与其他软件的交流。输出后的图面与输出时 CAD 中绘图区域里显示的图形效果是相同的，但是不能编辑。

需要注意的是在输出的过程中，有些图形类型发生的改变比较大，CAD 不能够把类型改变大的图形格式重新转化为可编辑的 dwg 图形格式。

10.4　共享数据与协同工作

建筑 CAD 技术的发展大致分为三个阶段：第一阶段是结构专业 CAD 及其系列化；

第二阶段是建筑工程各专业 CAD 及其系列化；作为发展的必然结果，第三阶段是"虚拟群体并行协同工作环境"，以工程项目建设为核心，通过计算机网络与计算机辅助设计技术，将分散的各相关生产实体组成一个"虚拟群体"，创建协作环境，共享图形库、数据库和材料库，并行活动，随时进行交换或修改某一环节，协同设计、施工与管理。

CAD 提供了在图形和应用程序之间共享数据、与其他人和组织协同工作的功能，用户可以使用密码和数字签名进行设计工程协作，使用 Internet 共享图形。这是目前工程 CAD 技术发展的新阶段，目前在我国建筑业第三阶段已经起步，已开展了民用建筑集成化系统研究，工程设计 CAD 集成机理研究与环境开发等课题。

单 元 小 结

本单元从手工绘图和 AutoCAD 绘图的区别出发，介绍了 AutoCAD 图形的打印输出，以及 AtuoCAD 在共享数据和协同工作方面的发展前景。本单元中介绍了 AutoCAD 图形输出的常用命令，如表 10-1 所示：

本单元用到的图形输出命令　　　　　　　　　　　　表 10-1

序号	命令功能	命　令	序号	命令功能	命　令
1	打印设置并输出	Plot	2	输出	Export

能 力 训 练 题

1. 单元 1～单元 7 的能力训练题绘制完成后，每次都必须打印成 A3 或者 A4 出图。通过打印出图查看绘图效果，以便及时调整绘图习惯，有助于提高绘图能力。

单元 11 ET 扩展工具

所谓 ET 扩展工具，就是中望公司在中望 CAD 的基础上编写的汇集了很多快捷命令的工具集，这样使得中望用户更加快捷的使用中望软件进行绘图工作，更加提高工作效率。

11.1 图 层 工 具

使用 CAD 绘图，有些用户习惯使用命令提示进行操作，在使用图层时，除了前面介绍的设置方法外，还可以通过在快捷工具下拉菜单中选择相应的图层操作命令，下面就针对 ET 扩展工具简单介绍几个比较快捷的命令。

1. 图层管理（LMAN）：

对于图层管理，中望 CAD 增强了图层状态管理器的功能，对已保存的图层状态中的单个图层进行基本属性编辑。在"图层特性管理器"对话框中的右上角单击"状态管理器"或从图层工具栏选择 (图层状态管理器) 按钮，打开如图 11-1 所示的对话框。

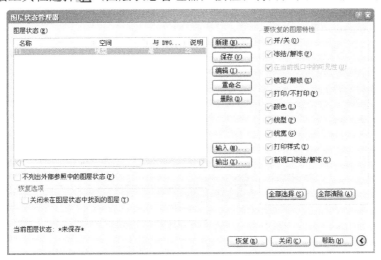

图 11-1 "图层状态管理器"对话框

图层状态管理器对话框中的按钮及选项介绍如下：

新建：打开如图 11-2 所示"要保存的新图层状态"对话框，创建图层状态的名称和说明。

要恢复的图层特性：选择要保存的图层状态和特性（如果没有看到这一部分，请单击对话框右下角的"更多恢复选项"箭头按钮）。

恢复：回复保存的图层状态。

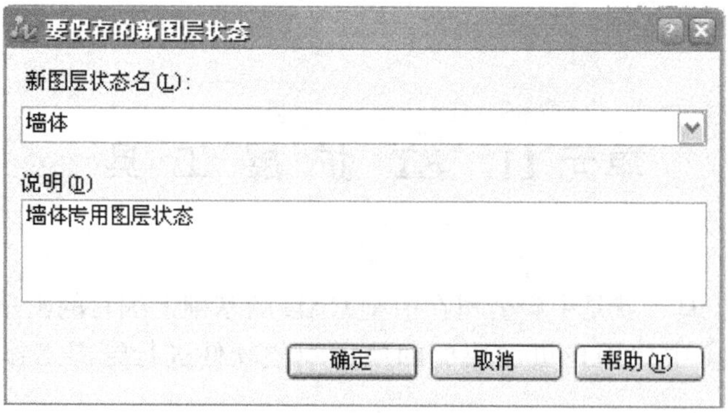

图 11-2　"要保存的新图层状态"对话框

删除：删除某图层状态。

输入：在中望 CAD 2011 中新增从 dwg 文件中输入图层状态，输入之前作为 .las 或 .dwg 文件输出的图层状态。在如图 11-3"输入图层状态"对话框中，从"文件类型"下拉列表中选择需要的文件类型。

图 11-3　"输入图层状态"对话框

输出：以"∗.las"或"∗.dwg"文件形式保存某图层状态的设置。

2. 图层匹配（LAYMCH）

可把源对象上的图层特性复制给目标对象，以改变目标对象的特性。在执行该命令后，选择一个要被复制的对象，选择后中望 CAD 2011 继续提示选择目标对象，此时拾取目标对象，就把源对象上的图层特性复制给目标对象了。

3. 图层隔离（LAYISO）

执行该命令后，选取要隔离图层的对象，该对象所在图层即被隔离。其他图层中的对象被关闭。

4. 其他比较实用的图层命令：

移至当前图层（LAYCUR）：在实际绘图中，有时绘制完某一图形后，会发现该图形并没有绘制到预先设置的图层上。此时，执行该命令可以将选中的图形改变到当前图层中。

改层复制（COPYTOLAYER）：用来将指定的图形一次复制到指定的新图层中。

关闭对象图层（LAYOFF）：执行该命令后可使图层关闭。

打开所有图层（LAYON）：执行该命令后，可将关闭的所有图层全部打开。

图层冻结（LAYFRZ）：执行该命令后可使图层冻结，并使其不可见，不能重生成，也不能打印。

解冻所有图层（LAYTHW）：执行该命令后，可以解冻所有的图层。

图层锁定（LAYLCK）：执行该命令可锁定图层。

图层解锁（LAYULK）：执行该命令后，弹出一个"请选择要解锁的层"的对话框，此时选定要解锁的层，该图层即被解锁。

图层合并（LAYMRG）：用来将指定的图层合并。

图层删除（laydel）：用来删除指定的图层。

11.2 图 块 工 具

1. 用块图元修剪（BTRIM）：

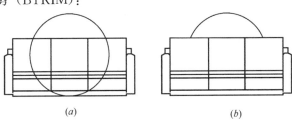

(a)   (b)

图 11-4   图块为边界进行修剪

命令：Btrim	执行 Btrim
选择剪切边界：选取图块中的沙发前沿	选取图块中的前沿线作为修剪边
选择剪切边界：	回车结束边界选取
选择要修剪的对象或[投影(P)/边缘模式(E)]：	
选取圆形	选取需要修剪的实体
选择要修剪的对象或[投影(P)/边缘模式(E)]	回车结束修剪操作如(b)所示

注意：

1）当选择块作为修剪边界时，块显示为分解状态，选中的是组成块的单个实体。被修剪实体只能是非图块实体。

2）Btrim 命令选取修剪边界时，不能用 w、c、wp、f 等多实体选择方法，只能使用单实体选择方式。这点与 Trim 命令不同。

2. 延伸至块图元（BEXTEND）：

菜单：[ET 扩展工具]→[图块工具]→[延伸至块图元]

Bextend 与 Btrim 相似，也是中望 CAD 的扩充命令，它是对 Extend 命令的补充命令。中望 CAD 2008 之前的版本在 Extend 命令中不能将块作为图形的延长边界，而中望 CAD 2011 使用 Bextend 或 Extend 命令都则可以实现上述操作。

操作步骤：

将图 11-5（a）所示的沙发图块右边的圆弧线延伸至图块上，结果如 11-5（b）所示。其步骤如下：

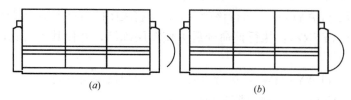

(a)　　　　　　　　　　　　　　　(b)

图 11-5　延伸至块图元结果

命令：Bextend	执行 Bextend 命令
选择延伸边界：选取图中的右边沿	选取延伸边界
选择延伸边界：	回车结束边界目标选择
选择要延伸的对象或[投影(p)/边缘模式(e)]：	选取需延伸的目标
选择要延伸的对象或[投影(p)/边缘模式(e)]：	回车完成延伸操作

注意：

1）当选择块作为延伸边界时，块显示为分解状态，选中的是组成块的单个实体。这点与 Btrim 命令一致。选择的延伸目标必须是非图块实体。

对于非图块延伸边界，Bextend 命令的功能与 Extend 命令是相同的。

2）Bextend 命令选取延伸边界时，不能用 w、c、wp、f 等多实体选择方式，只能使用单实体选择方式。这点与 Extend 命令不同。

3. 复制嵌套图元（NCOPY）：

菜单：[Et 扩展工具]→[图块工具(B)]→[复制嵌套图元]

Ncopy 命令可以将图块或 Xref 引用中嵌套的实体进行有选择的复制。用户可以一次性选取图块的一个或多个组成实体进行复制，复制生成的多个实体不再具有整体性注意：

1）Ncopy 命令同 Copy 命令一样可以复制非图块实体如点、线、圆等基本的实体。

2）Ncopy 命令与 Copy 操作方式一致，不同的是 Copy 命令对块进行整体性复制，复制生成的图形仍是一个块；而 Ncopy 命令可以选择图块的某些部分进行分解复制，原有的块保持整体性，复制生成的实体是被分解的单一实体。

Ncopy 命令在选择实体时不能使用 w、c、wp、cp、f 等多实体选择方式。

4. 分解属性为文字（Burst）：

菜单：[ET 扩展工具]→[图块工具(B)]→[分解属性为文字(P)]

将属性值炸成文字，而不是分解回属性标签。

操作步骤：

将图 11-6（a）所示的属性块分解为文字，结果如图 11-6（b）所示。其步骤如下：

注意：

Burst 和 Explode 命令的功能相似，但是 Explode 会将属性值分解回属性标签，而

Burst 将之分解回的却仍是文字属性值，如图 11-6（c）到 11-6（d）。

图块属性（XL1ST）：查询 Block、Xref 内部文件

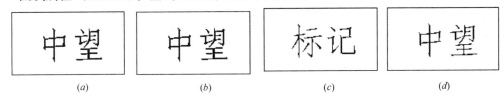

|（a）|（b）|（c）|（d）|

图 11-6 分解属性为文字

5. 替换图块（BLOCKREPLACE）：

菜单：［ET 扩展工具］→［图块工具］→［替换图块］

用来以一图块取代另一图块。

操作步骤：

用 Blockreplace 将本章练习 C 型住宅平面图中的树景替换。如图 11-7 所示。

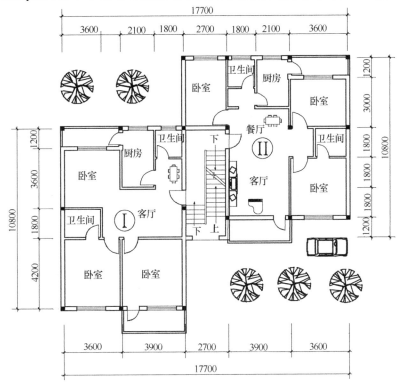

图 11-7 C 型住宅平面图

打开"C 型平面图 .dwg"文件，执行 Blockreplace 命令后，系统弹出图 11-8 所示块替换对话框，选中树景 2 后系统接着弹出对话框选择一个块用于替换，如图 11-9 所示，也就是选择用于替换旧块的新块，选中树景 3 后点击【确定】按钮，即完成图块替换命令。

6. 其他常用图块 ET 扩展工具：

改块文字角度（CHGBANG）：修改指定图块的文字角度

图 11-8　选择要被替换的块　　　　　图 11-9　选择用于替换旧块的新块

如：初始图块：　　　　　　　　　　修改了图块中的文字角度后：

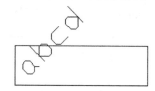

图 11-10　更改文字角度

改块文字高度（CHGBHEI）：修改指定图块的文字高度。

如：初始图块：　　　　　　　　　　修改了图块中的文字高度后：

图 11-11　更改文字高度

导出/导入属性值（Attout/Attin）：

菜单：[ET 扩展工具]→[图块工具]→[导出属性值]/[导入属性值]

导出属性值：用来输出属性块的属性值内容到一个文本文件中。它主要用来将资料输出，并在修改后再利用导入属性值功能输入回来。

导入属性值：用来从一个文本文件中将资料输入到属性

改块图层（CHGBLAY）：修改指定图块的图层。

改块颜色（CHGBCOL）：修改指定图块的颜色

改块线宽（CHGBWID）：修改指定图块的线宽

11.3　文　本　工　具

1. 调整文本（TEXTFIT）：

以指定的长度来拉伸或压缩选定的文本对象。

菜单：[ET 扩展工具]→[文本工具]→[调整文本]

工具栏：[文本工具]→[调整文本]

Textfit 命令可使 Text 文本在字高不变的情况下，通过调整宽度，在指定的两点间自动匹配对齐。对于那些需要将文字限制在某个范围内的注释可采用该命令编辑。

(a)　　　　　　　(b)

图 11-12　用 Textfit 命令将文本调整与椭圆匹配

操作步骤

用 Textfit 命令将图 11-12（a）所示文本移动并压缩至与椭圆匹配，结果如图 11-12（b）所示。其操作步骤如下：

命令：Textfit　　　　　　　　　　　　　　　执行 Textfit 命令

请选择要编辑的文字：点取图 9 中的文本　　　选取要编辑的文本

请输入文字长度或选择终点：鼠标点取或直接输入数字

注意：

1）文本的拉伸或压缩只能在水平方向进行。如果指定对齐的两点不在同一水平线上，系统会自动测量两点间的距离，并以此距离在水平方向上的投影长作为基准进行拉伸或缩放。

2）该命令只对 Text 文本有效。

2. 文本屏蔽（Textmask）：

菜单：[ET 扩展工具]→[文本工具]→[文本屏蔽]

工具栏：[文本工具]→[文本屏蔽]

Textmask 命令可在 Text 或 Mtext 命令标注的文本后面放置一个遮罩，该遮罩将遮挡其后面的实体，而位于遮罩前的文本将保留显示。采用遮罩，实体与文本重叠相交的地方，实体部分将被遮挡，从而使文本内容容易观察，使图纸看起来清楚而不杂乱。操作步骤

(a)　　　　　　　(b)

图 11-13　图形被屏蔽挡住

用 Textmask 命令将图 11-13（a）中与"Textmask"重叠的部分图形用于屏蔽挡住，如果如图 11-13（b）所示。其操作步骤如下：

命令：Textmask　　　　　　　　　　　　　　执行 textmask 命令

选择要屏蔽的文本对象或 [屏蔽类型[M]/偏移因子[O]]：M

　　　　　　　　　　　　　　　　　　　　　修改屏蔽类型

指定屏蔽使用的实体类型 [Wipeout/3dface/Solid]＜Wipeout＞：S

　　　　　　　　　　　　　　　　　　　　　选择 solid 的屏蔽类型

弹出索引颜色对话框　　　　　　　　　　　　选择 7 洋红颜色

选择要屏蔽的文本对象或 [屏蔽类型[M]/偏移因子[O]]：点取图(a)文本

　　　　　　　　　　　　　　　　　　　　　选取要屏蔽的文本

以上各项提示的含义和功能说明如下：

屏蔽类型：设置屏蔽方式，包括以下 3 种。

Wipeout：以 Wipeout（光栅图像）屏蔽选定的文本对象。

3dface：以 3dface 屏蔽选定的文本对象。

Solid：用指定背景颜色的 2D SOLID 屏蔽文本。

偏移因子：该选项用于设置矩形遮罩相对于标注文本向外的偏移距离。偏离距离通过输入文本高度的倍数来决定。

注意

1）文本与其后的屏蔽共同构成一个整体，将一起被移动、复制或删除。用 Explode 命令可将带屏蔽的文本分解成文本和一个矩形框。

2）带屏蔽的文本仍可用 Ddedit 命令进行文本编辑，文本编辑更新后仍保持原有屏蔽文本的形状和大小。

(a)　　　　　　　　　　(b)

图 11-14　文本的屏蔽被取消

3. 解除屏蔽（Textunmask）：

菜单：［ET 扩展工具］→［文本工具］→［解除屏蔽］

Textunmask 命令与 Textmask 命令相反，它用来取消文本的屏蔽。

操作步骤

用 Textunmask 将图 11-14（a）文本屏蔽取消，如果如图 11-14（b）所示。操作步骤如下：

命令：Textunmask　　　　　　　　　执行：Textunmask 命令
选择要移除屏蔽的文本或多行文本对象　　提示选取要解除的文本
选择对象：窗选对象　　　　　　　　　用窗选方法选择对象
指定对角点：找到 1 个　　　　　　　　系统提示选择的对象数
选择对象：　　　　　　　　　　　　结束命令结果如图 11-12(b)所示

4. 合并成段（TXT2MTXT）：

将一行或多行文字合并成多行文本。

选取文字项：　　　　　　　合并成多行文字：

Normal text to
be converted
to Mtext

Normal text to
be converted
to Mtext

图 11-15　文本的合并成段

5. 弧形文字（Arctext）

菜单：［ET 扩展工具］→［文本工具］→［弧形文本］

工具栏：［文本工具］→［弧形对齐文本］

弧形文字主要是针对钟表、广告设计等行业而开发出的弧形文字功能。

操作步骤

先使用 Arc 命令绘制一段弧线，再执行 Arctext 命令，系统提示选择对象，确定对象后将出现如图 11-16 所示"弧形文字"对话框。

根据之前图中的弧线，绘制两端对齐的弧形文字，设置如图所示。

在后期编辑中，所绘的弧形文字有时还需要调整，可以通过属性框来简单调整属性，也可以通过弧形文字或相关联的弧线夹点来调整位置。

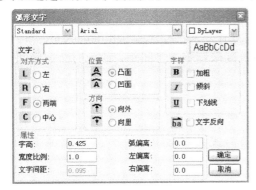 

图 11-16   弧形文字对话框   图 11-17   文字为两端对齐的弧形文字

1）属性框里的调整

CAD 软件为弧形文字创建了单独的对象类型，并可以直接在属性框里修改属性。如：直接修改文本内容，便会根据创建弧形文字时的设置自动调整到最佳位置。

2）夹点调整

选择弧形文字后，可以看到三个夹点，左右两个夹点，可以分别调整左右两端的边界，而中间的夹点则可以调整弧形文字的曲率半径。如调整了右端点往左，曲率半径变化。

此外，弧形文字与弧线之间存在关联性，可以直接拖动弧线两端夹点来调整，弧形文字将自动根据创建时的属性调整到最佳位置。图 11-18 为原来的弧形文字，调整后如图 11-19 所示。

图 11-18   原来的弧形文字   图 11-19   调整后的弧形文字

如图所示"弧形文字"对话框清楚地展示了它的丰富功能。各选项介绍如下：

文字特性区：在对话框的第一行提供设置弧形文字的特性。包括文字样式、字体选择及文字颜色。点击文字新式后面的下拉框，显示当前图所有文字样式，可直接选择；也可以直接选择字体及相应颜色。中望率先支持的真彩色系统，在这里同样可以选择。

文字输入区：在这里可以输入想创建的文字内容。

对齐方式：提供了"左"、"右"、"两端"、"中心"四种对齐方案，配合"位置"、"方向"、"偏离"设置可以轻松指定弧形文字位置。

位置：指定文字显示在弧的凸面或凹面。

方向：提供两种方向供选择。分别为"向里"、"向外"。

字样：提供复选框的方式，可设置文字的"加粗"、"倾斜"、"下划线"及"文字反向"效果。

属性：指定弧形文字的"字高"、"宽度比例"、"文字间距"等属性。

偏离：指定文字偏离弧线、左端点或右端点的距离。

这里需要注意一下，"属性"、"偏离"与"对齐方式"存在着互相制约关系。如：当对齐为两端时，弧形文字可自动根据当前弧线长度来调整文字间距，故此时"文字间距"选项是不可设置的。同理类推。

6. 其他比较实用的文本 ET 扩展工具：

对齐文本（Tjust）：

菜单：［ET 扩展工具］→［文本工具］→［对齐方式］

用来快速更改文字的对齐

旋转文本（Torient）：

(a)   (b)

图 11-20　旋转文本效果

菜单：［ET 扩展工具］→［文本工具］→［旋转文本］

用来快速旋转文字。

操作步骤

将图 11-20（a）所示文字，转换成如图 11-20（b）所示。其操作步骤如下：

命令：Torient	执行 torient 命令
选择对象：点选文字	选择欲旋转的文本
选择集当中的对象：1	提示选中的对象数
新的绝对旋转角度＜最可读＞：0	输入绝对旋转角度
一个对象被修改 ..	回车后结果如图 11-17（b）所示

自动编号（Tcount）：

菜单：［ET 扩展工具］→［文本工具］→［自动编号］

选择几行文字后，再为字前或字后自动加注指定增量值的数字。

操作步骤

执行 Tcount 命令，系统提示选择对象，确定选择对象的方式并指定起始编号和增量（如图中：1，1 或 1，2），然后，选择在文本中放置编号的方式，图 11-21 为选择的几行文字，图 11-22 为执行 Tcount 命令后的三种放置编号的方式。

第一行字　　　　　1　第一行字　　　1一行字　　　　1
第二行字　　　　　2　第二行字　　　2二行字　　　　3
第三行字　　　　　3　第三行字　　　3三行字　　　　5
第四行字　　　　　4　第四行字　　　4四行字　　　　7
第五行字　　　　　5　第五行字　　　5五行字　　　　9

　　　　　　　　　前置；　　　　　查找并替换；　　　覆盖；
　　　　　　　　　(1, 1)　　　　　(1, 1)　　　　　(1, 2)
　　　　　　　　　　　　　　输入查找的字符串：第

图 11-21　选择几行文字　　　　　图 11-22　自动编号的方式

文本形态（Tcase）：

菜单：［ET 扩展工具］→［文本工具］→［文本形态］

改变字的大小写功能。

操作步骤：执行 Tcase 命令，系统提示选择对象，确定对象后将出现如图 11-23 所示"改变文本"对话框。

在该对话框中选择需要的选项，单击【确定】按钮，退出对话框结束命令，结果如图所示。

HOW ARE YOU!

How are you!　how are you!　HOW ARE YOU!　How Are You!　how are you!
句子大小写　　小写　　　大写　　　标题　　大小写切换

图 11-23　"改变文本"对话框　　　　图 11-24　改变文本大小写的结果

当前字体（CURSTYLE）：
显示指定单行文字或多行文字对象所使用的字体样式
修改字高（CHGTHEI）：
指定选取 TEXT 或 MTEXT 对象的字高
匹配字高（MATHEI）：修改目标文字对象的字高为源文字对象的字高
以单行文字的字高来匹配多行文字的字高。
选择源 TEXT 对象。

ZWCAD,ZWSOFT
CHINA

HELLO,ZWCAD

图 11-25（*a*）　匹配字高

指定目标 MTEXT 对象。

ZWCAD,ZWSOFT
CHINA

HELLO,ZWCAD

图 11-25（*b*）　匹配字高

结果：
对齐文字（TXTALIGN）
以指定的对齐方式和对齐点对齐指定的单行文字对象
文字变线（TXTEXP）：
将文本或多行文本分解为可以赋值厚度和高度的多段线
实例：

ZWCAD,ZWSOFT
CHINA
HELLO,ZWCAD

图 11-25（c）　匹配字高

选取文本：

EXPLODING TEXT
TO LINES

图 11-26（a）　文字变线

文本文字被分解为线段和弧线：

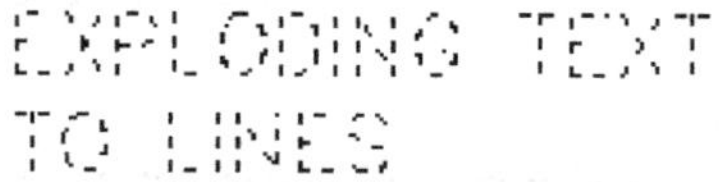

EXPLODING TEXT
TO LINES

图 11-26（b）　文字变线

多行转单（MTEXP）：将多行文字对象转换为单行文字对象

加下划线（TXTULINE）：为单行文字对象添加下划线。

为单行文字添加下划线。

选择 TEXT 对象。

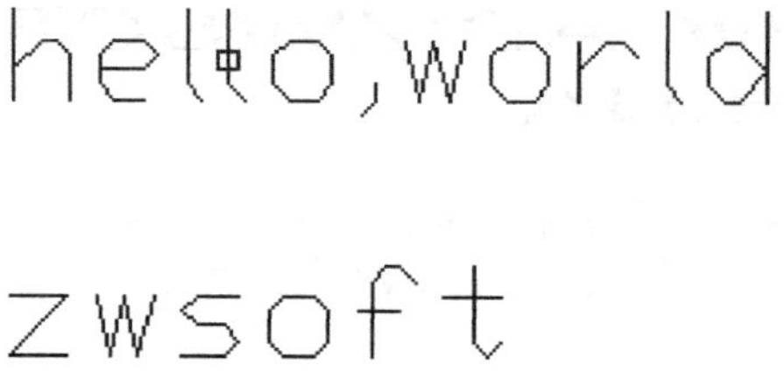

hello,world

zwsoft

图 11-27（a）　加下划线的文字

结果

hello,world

zwsoft

图 11-27（b）　加下划线的文字

11.4　标　注　工　具

1. 向说明附着索引线（QLATTACH）

将索引线附着在多行文本标注，公差或者图块等对象上

实例：

向说明附着索引线

1）选定一条索引线，指定要附着的多行文本：

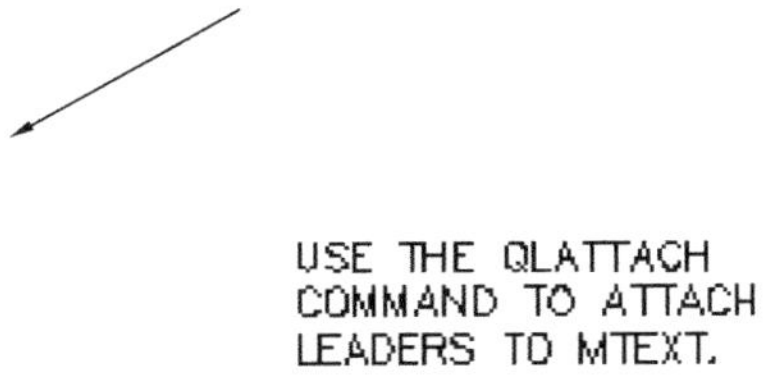

USE THE QLATTACH
COMMAND TO ATTACH
LEADERS TO MTEXT.

图 11-28（*a*）　向说明附着索引线

2）附着了索引线的多行文本：

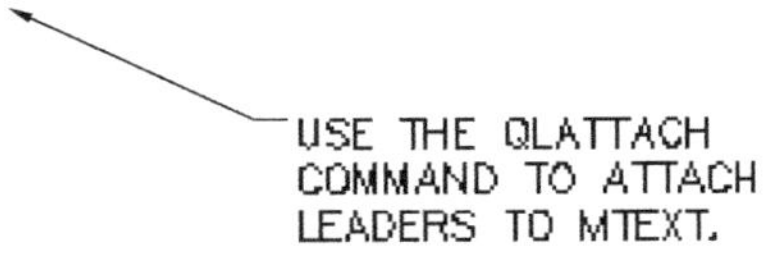

USE THE QLATTACH
COMMAND TO ATTACH
LEADERS TO MTEXT.

图 11-28（*b*）　向说明附着索引线

注意：如果索引线附着成功，索引线尾端会跳至多行文本或者公差注释的默认附着点，钩线的出现随角度而定。

索引线和注解对象必须在同一平面上，否则不能附着。

如果想附着索引线至块参照，必须在执行索引线附着命令之前将索引线端点移至要附着的位置。如果索引线不移动，就不能看到索引线被成功附着的效果。

2. 从说明分离索引线（QLDETACHSET）：

将索引线从多行文本，公差或者图块对象中分离出来

在选定对象中所有附着的索引线将从它们所说明的标注对象中分离开来。索引线分离之后，唯一可看到的区别是图形中会少一条钩线。

实例：

将索引线从说明文本分离。

1）索引线附着到文本：

USE QLDETACHSET TO
DETACH LEADER FROM
MTEXT

图 11-29（*a*）　将索引线从说明文本分离

2）索引线从附着的文本分离以后可被移动：

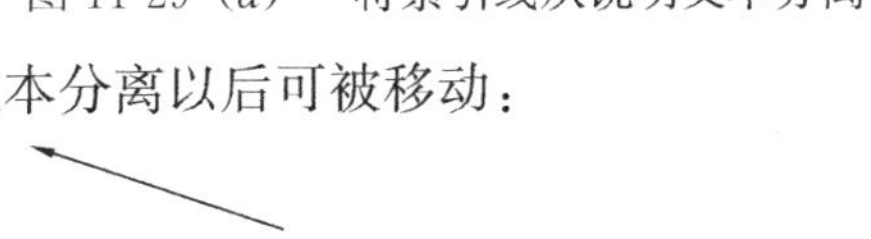

USE QLDETACHSET TO
DETACH LEADER FROM
MTEXT

图 11-29（*b*）　将索引线从说明文本分离

3. 全部附着索引线到说明（QLATTACHSET）：

将所有的索引线附着到多行文本，公差或图块对象中。

该命令让你在一个 RELEASE13 图形中处理索引线，然后将索引线和要注解的对象连接起来以便更好地进行编辑。

QLATTACHSET 将会报告查找到的索引线数目以及成功附着的数目。

实例：

将全部索引线附着到说明文本

1）索引线未附着到文本：

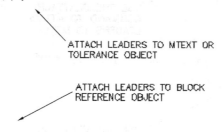

图 11-30（a）　将全部索引线附着到说明文本

2）索引线附着到文本：

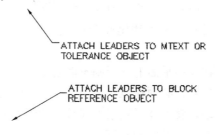

图 11-30（b）　将全部索引线附着到说明文本

4. 标注样式输出（DIMEX）：将指定的标注样式及其设置输出到一个外部文件中

执行该命令后，开启如下对话框：

图 11-31　标注样式输出

输出文件名

创建一个打开的 DIM 文件。输入 DIM 文件名或者选择"浏览"来查找文件。如果文件名不存在，就生成一个新的文件。如果文件存在，会出现允许或跳过的提示。新文件是一个 ASCII 文件。

可用标注样式

选择要输入 ASCII 文件的标注样式。在列表框中显示了当前图形中存在的所有标注样式。在输出文件名列表中已注明每一个选定的输入文件样式。

文本样式选项

将标注样式文本的全部信息或者仅将文本样式名称保存入 ASCII 文件中。

5. 其他比较实用的标注 ET 扩展工具

标注样式输出（DIMIM）：将 DIM 文件中指定的标注样式输入到当前的图形中。

恢复原值（DIMREASSOC）：将已被替换的测量值或者被修改的标注文本恢复原值。（如果对尺寸标注进行了多次修改，要想恢复原来真实的标注，请在命令行输入 Dimreassoc，然后系统提示选择对象，选择尺寸标注回车后就恢复了原来真实的标注。）

当前标注（CURDIMST）：显示指定标注或引线所应用的标注样式。

标注翻转（DIMTXTREV）：翻转标注文字

实例：

翻转标注文字。

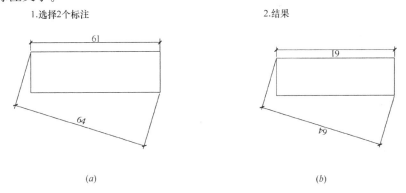

图 11-32 标注翻转

标注颜色（DIMTXTCOL）：修改标注文字的颜色。

增删边线（DIMASBX）：增加或删除标注的尺寸界线。

实例：

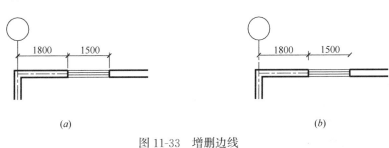

图 11-33 增删边线

标注合并（DIMMERGE）：以第一个标注为基准，合并多个标注为一个标注。
实例：

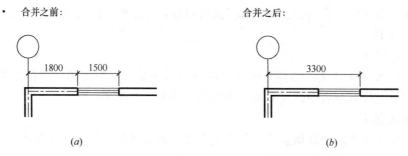

图 11-34 标注合并

尺寸改值（DIMCHGVAL）：修改一个或多个标注的尺寸值，也就是标注文字的内容。
实例：
修改标注的尺寸值。

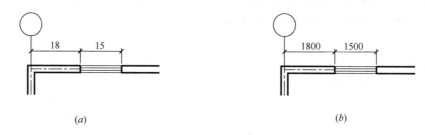

图 11-35 尺寸改值

标注擦除（DELDIM）：删除指定的标注

标注值替换（DIMREPLACE）：打开"标注值替换"对话框，查找图形中标注的文字，将匹配的文字替换成指定的内容。

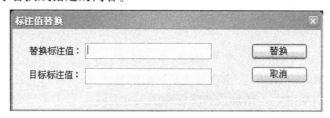

图 11-36 标注值替换

11.5 编 辑 工 具

1. 增强剪切（EXTRIM）
根据指定的边界对象修剪该边界对象一侧的相交对象。
画一些重叠的圆和交叉线段，在内部指定剪切点
1）选择一个圆定义剪切边界；2）在圆内部指定一点；3）圆内部的对象被剪切

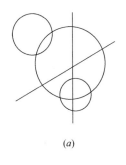
(a)

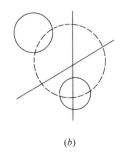
(b)

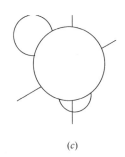
(c)

图 11-37 增强剪切

2. 其他比较实用的关于编辑的 ET 扩展工具

增强缩放（EXSCALE）：以指定的 X、Y 比例缩放指定的实体对象，同时保证当前图形中的所有对象都在当前视图中显示，其他对象可根据当前视图的比例自动缩放。

移动/复制/旋转（MOCORO）：在一个命令中对选定的对象进行移动，复制，旋转和缩放等操作。

多重复制（COPYM）：在设置了重复、阵列、间距以及个数后，批量复制多个对象

增强偏移（EXOFFSET）：该增强偏移的命令比标准的命令（包括图层控制，取消和多选项等）优越。

11.6 绘 图 工 具

1. 折断线（BREAKLINE）：创建多段线对象，并在该线段中插入折断线的标志。该命令还提供了多个选项，以控制折断线折断符号的形状、尺寸以及延伸距离。

2. 绘制云线（REVCLOUD）：绘制由多个圆弧连接组成的云线形多段线对象。

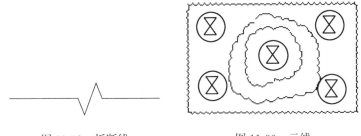

图 11-38　折断线　　　　　　　图 11-39　云线

3. 连接线段（joint）：以直线或圆弧连接两条线段或圆弧。圆弧只和有交点或延伸交点的直线相连接。

实例：两条平行的直线段由圆弧连接，如下：

图 11-40　连接线段（a）

两条不平行的直线段直接延伸后连接，如下左图为连接前，右图为连接后：

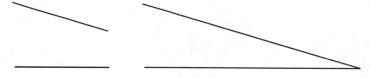

图 11-40　连接线段（b）

一条直线和一条圆弧连接，如下左图为连接前，右图为连接后：

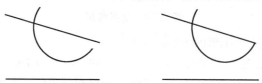

图 11-40　连接线段（c）

4. 线型变比（CHGLTSCA）：修改对象的线型比例因子。

下面左图为源对象，右图为修改了线型比例因子的对象。

图 11-41　线型变比

5. 角平分线（ANGDIV）：为两条直线绘制角平分线。若两条直线平行，则绘制与直线平行的角平分线。

为两条非平行的直线绘制角平分线。

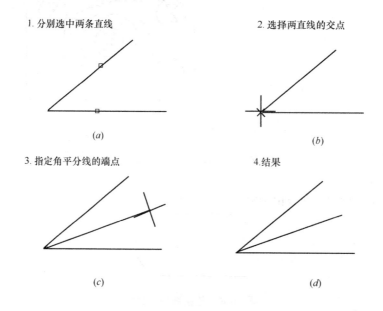

图 11-42　角平分线

6. 其他比较实用的绘图 ET 扩展工具：

画镜像线（MIRRORL）：以新绘制的直线或已有的直线作为镜面线，并以该线为基准，创建对象的反射副本。

交点断开（INTBRK）：在指定的交点处打断相交的对象。

生成弧缺（ARCCMP）：根据已有的圆弧，生成能构成一个圆的另一部分圆弧。

消除重线（DELDUPL）：该功能删除相同图层的重叠圆、弧以及直线。

样条变直（SPLINE2LINE）：分解样条曲线为很多条短的直线段。

多线变多段线（MLINE2PLINE）：分解多线为多条多段线。

删除断线（DELSL）：删除比指定长度短的直线或圆弧。

虚实变换（CON2DASH）：控制指定对象的线型为实线线型还是虚线线型。

若选择对象的线型是实线线型，该命令将其转换为虚线线型，反之就转换为实线线型。

11.7 定 制 工 具

1. 填充匹配（MAHATCH）：以原填充对象去匹配目标填充对象，使目标填充对象具有如原填充对象的特性。

把右图匹配成左图一样的填充图案。

匹配后如下图：

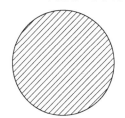 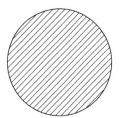 

图 11-43（a） 填充匹配　　　　　　　　　　　图 11-43（b） 填充匹配

2. 文件比较（FCMP）：比较两张图纸，并用不同的颜色显示出比较的结果。

图 11-44　文件比较

3. 其他比较实用的关于定制的 ET 扩展工具

填充擦除（DELHATCH）：将填充对象中的填充颜色或图案清除，还原到未填充之前的状态。

Z 轴归零（ZVALTO0）：将指定对象的 Z 轴坐标值修改为零。

统计块数（BLOCKSUM）：统计当前图形、指定图层或当前选择集合中所包含的图块个数

弧长总和（ARCSUM）：计算指定圆弧的总长度。

面积总和（AREASUM）：计算一个或多个对象的总面积。

附录 1　CAD 常用命令

图形绘制命令

序号	命 令	命令功能	命令简写	备 注
1	Arc	绘制弧	A	
2	Circle	绘制圆	C	
3	Donut	绘制圆环	DO	
4	Dtext	注写单行文本	DT	
5	Hatch	图案填充	H	
6	Line	绘制直线	L	
7	Mtext	注写多行文本	T	单元 1
8	Pline	绘制多段线	PL	
9	Polygon	绘制正多边形	POL	
10	Point	绘制点	PO	
11	Rectangle	绘制矩形	REC	
12	Spline	绘制样条曲线	SPL	
13	Style	设置文字样式	ST	
14	Mline	绘制多线	ML	单元 7

图形编辑命令

序号	命 令	命令功能	命令简写	备 注
1	Array	阵列	AR	单元 5
2	Block	创建块	B	单元 1
3	Chamfer	倒角	CHA	单元 2
4	Copy	复制	CO	
5	Ddedit	文本编辑	ED	单元 1
6	Dimcontinue	连续标注	DCO	
7	Dimlinear	线性标注	DLI	单元 5
8	Dimstyle	设置标注样式	D	
9	Erase	删除	E	单元 1
10	Explode	分解	X	单元 2
11	Extend	延伸	EX	单元 5
12	Fillet	圆角	F	单元 2
13	Find	文本替换		单元 1
14	Insert	插入块	IN	

序 号	命 令	命令功能	命令简写	备 注
15	Layer	设置图层	LA	单元7
16	Limits	设置图形界限		单元1、2
17	LineType	线型	LT	单元3
18	Ltscale	线型比例	LTS	
19	Matchprop	特性匹配	MA	单元3
20	Mirror	镜像	MI	
21	Move	移动	M	单元2
22	Offset	偏移	O	
23	Oops	删除恢复		单元1
24	Pedit	多段线编辑	PE	单元2
25	Properties	特性	MO	单元3
26	Redraw	视图重画	R	单元1
27	Regen	图形重生成	Re	
28	Redo	重做		
29	Rotate	旋转	RO	单元3
30	Scale	缩放	SC	
31	Stretch	拉伸	S	
32	Trim	修剪	TR	单元2
33	U	放弃	U	单元1
34	Undo	多重放弃		
35	Wblock	块存盘	W	

查询与管理命令

序 号	命 令	命令功能	命令简写	备 注
1	Area	查询面积和周长	AA	单元9
2	Dist	查询距离	DI	
3	List	列出图形数据库信息	LI	
4	ID	识别图形坐标		
5	Adcenter	图形信息管理器		

图形输出命令

序 号	命 令	命令功能	命令简写	备 注
1	Plot	打印设置并输出		单元10
2	Export	输出		

附录 2　CAD 竞赛试卷

答题须知：

1. 考试形式：计算机操作，闭卷
2. 考试软件：中望 CAD2012
3. 考试时间：240 分钟
4. 文件保存：在桌面上新建一个文件夹，所有图形文件均保存在该文件夹内，图形文件名详见各题。
5. 提示：图形文件存盘前，要求充满当前屏幕。

评　分　表

	一	二	三		合　计
满分标准	25	20	55		100
实际评分					
成绩总计					

建筑 CAD 项目　实践操作试题

1. 先抄绘图 1-1，再将图 1-1 中的二维图形组合，绘制图 1-2 所示的立面图。绘制完毕将这两张图保存在一个图形文件中，文件名为"试题 1"。（25 分）

（注意：图 1-1 和图 1-2 均需套上 A3 图框）

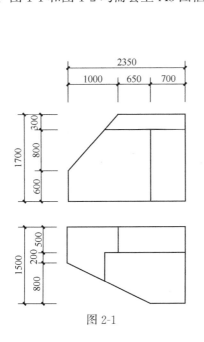

图 2-1

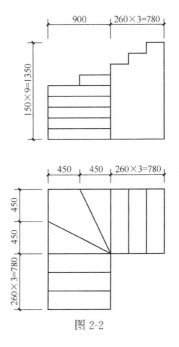

图 2-2

2. 抄绘图 2-1、图 2-2，并分别补画两图中的 W 面视图和正等轴测图，尺寸不需标注。绘制完毕后保存成一个文件，文件名为"试题 2"。(每题 10 分，共 20 分)

3. 阅读图 3-1~图 3-7 所示的建筑图，然后抄绘一层平面图，并按规定位置绘制 1-1 剖面图，套 A3 图框。绘制完毕后保存，文件名为"试题 3"。(55 分)

背景资料：

(1) 本建筑共三层，一层平面标高为 ±0.000，卫生间、阳台低于相应楼面标高 30mm。

(2) 图示墙体尺寸除注明外，墙体厚度均为 240mm 或者 120mm；

(3) 建筑为框架结构，平面柱子尺寸为 350mm×350mm；建筑梁高度为 600mm，宽度同墙厚。门窗洞口的过梁高为 200mm，宽度同墙厚。

(4) 楼板和屋面均为现浇钢筋混凝土板，厚度为 120mm；檐沟板厚度为 120mm。

(5) 内墙上的窗离地 300mm 高，为落地窗。

(6) 楼梯踏步宽 270mm；

绘图要求：

(1) 按表 1 设置图层及颜色，线型按制图标准设置；

图　层　设　置

表 1

图层名称	颜色
轴线	红色
墙体	黄色
门窗	青色
其他	品红
尺寸标注	绿色
文字	蓝色

注：可根据自己需要添加图层。

(2) 按图示尺寸 1:1 绘制，出图比例为 1:100。

(3) 未明确之处，按制图规范执行。

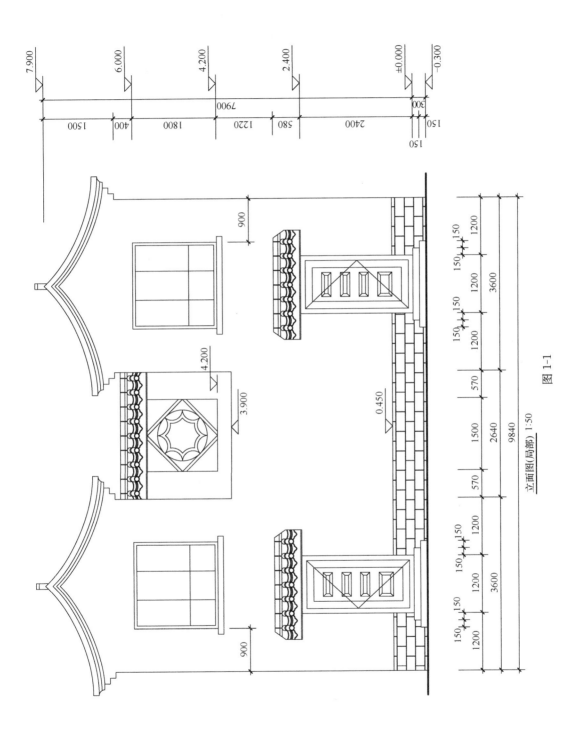

立面图(局部) 1:50

图 1-1

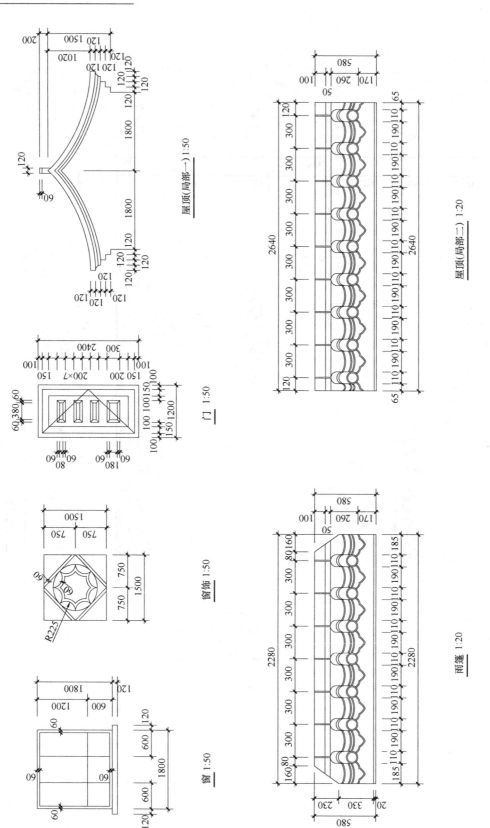

屋顶(局部一) 1:50

门 1:50

窗饰 1:50

窗 1:50

屋顶(局部二) 1:20

雨篷 1:20

图 1-2

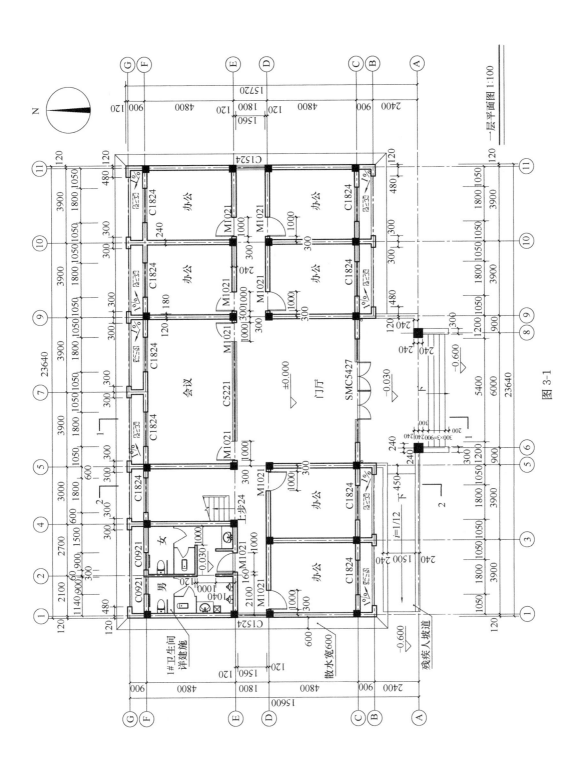

图 3-1

一层平面图 1:100

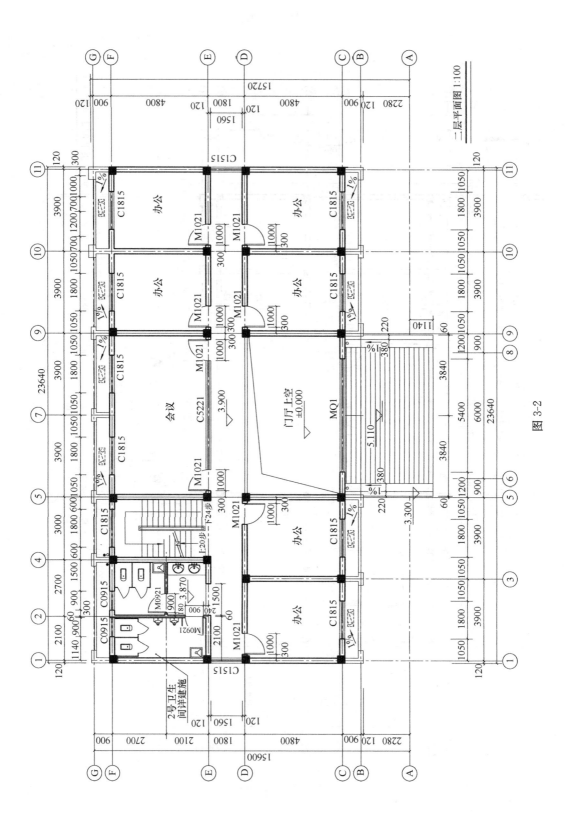

图 3-2

二层平面图 1:100

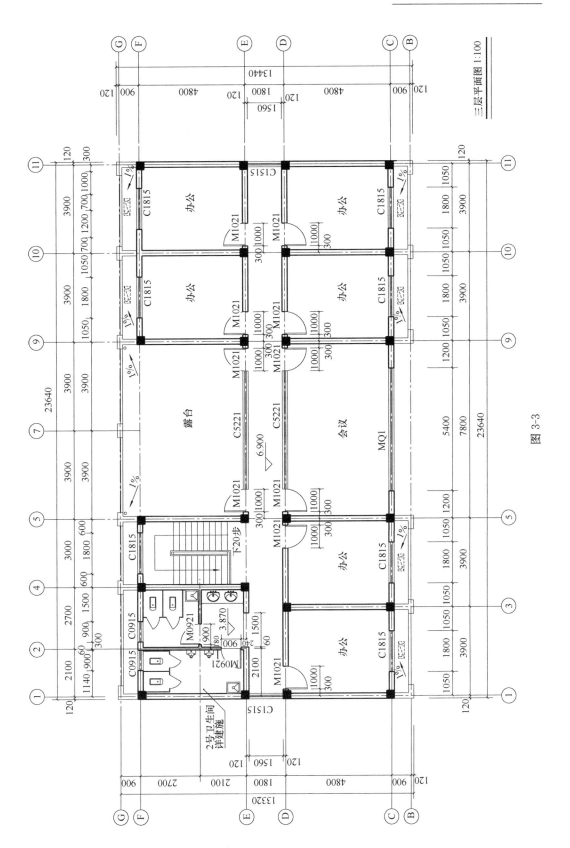

三层平面图 1:100

图 3-3

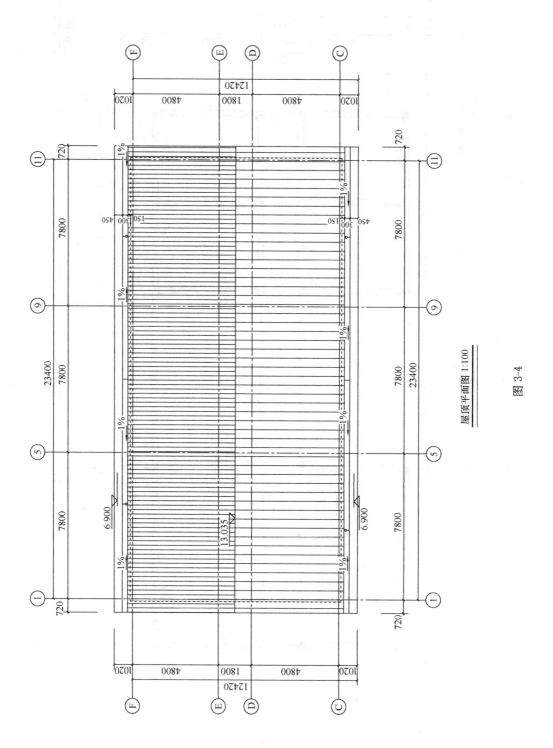

屋顶平面图 1:100

图 3-4

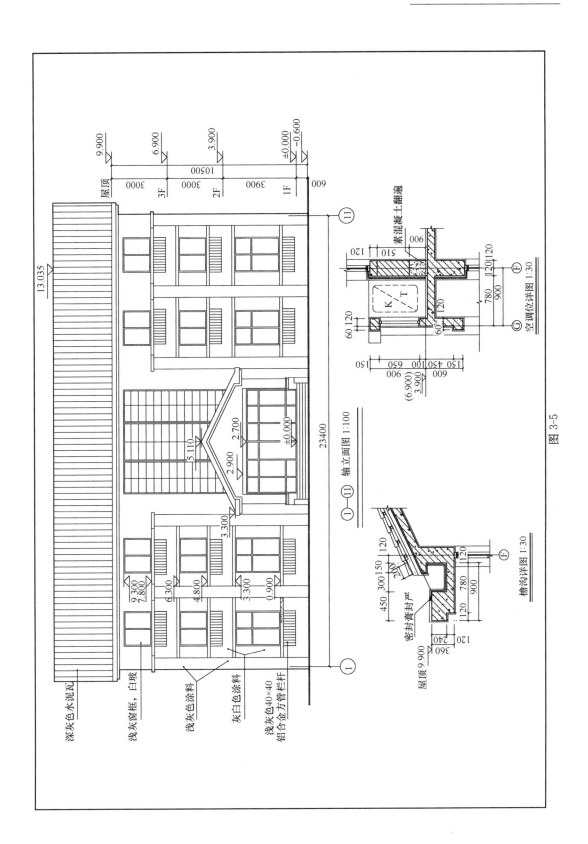

图 3-5

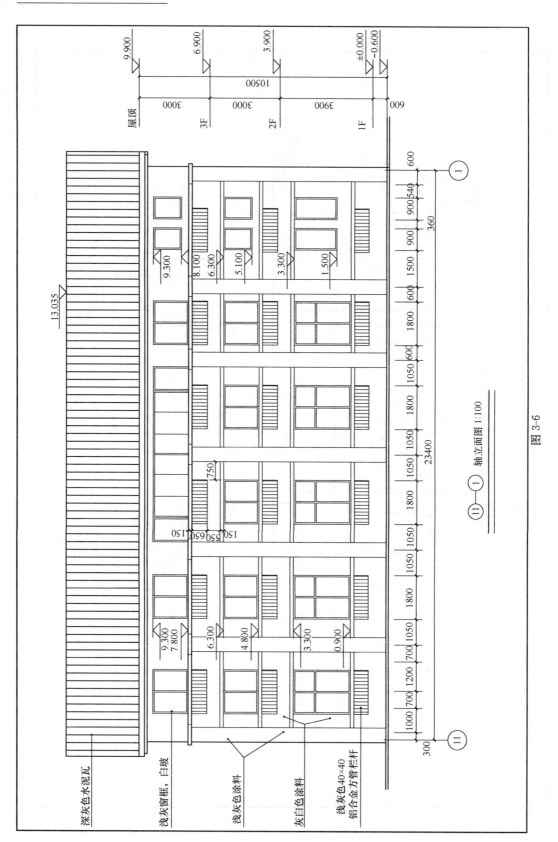

图 3-6

①—① 轴立面图 1:100

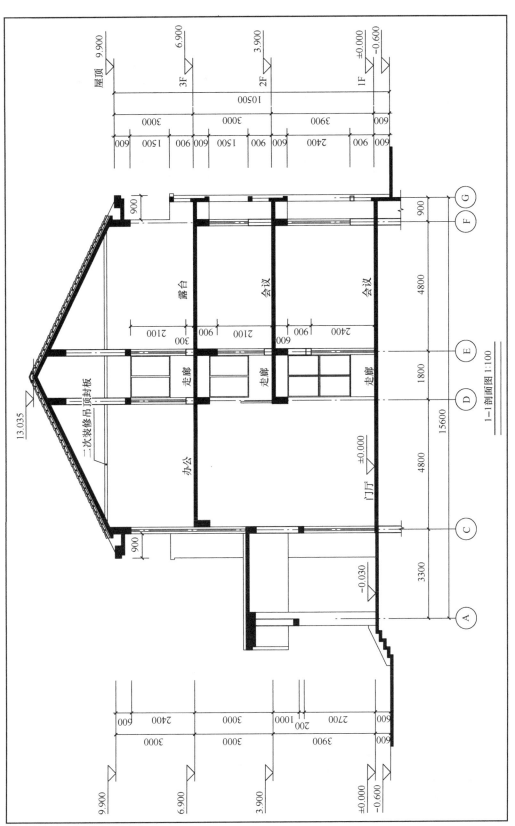

图 3-7

建筑 CAD 项目 实践操作评分细则

1. 先抄绘图 1-1，再将图 1-1 中的二维图形组合，绘制图 1-2 所示的立面图。绘制完毕将这两张图保存在一个图形文件中，文件名为"试题 1"。(25 分)

（注意：图 1-1 和图 1-2 均需套上 A3 图框）

编 号	评分点	评分标准	分 值	得 分	小 计
图 1-1 (17 分)	图线-窗 (1 分)	绘制正确，错一处扣 1 分	1 分		
	图线-窗饰 (2 分)	绘制正确，错一处扣 1 分	2 分		
	图线-门 (2 分)	绘制正确，错一处扣 1 分	2 分		
	图线-屋顶（局部一） (2 分)	绘制正确，错一处扣 1 分	2 分		
	图线-雨篷、图线-屋顶 （局部二） (5 分)	绘制正确，错一处扣 1 分	5 分		
	尺寸及标注 (2 分)	标注正确，错一处扣 1 分	2 分		
	比例 (3 分)	两种比例正确， 错一种扣 2 分	3 分		
图 1-2 (8 分)	图形组合 (4 分)	组合正确，错一处扣 1 分	4 分		
	图框绘制 (1 分)	绘制正确	1 分		
	图案填充 (1 分)	填充正确	1 分		
	尺寸及标注 (2 分)	标注正确，错一处扣 1 分	2 分		

2. 抄绘图 2-1、图 2-2，并分别补画两图中的 W 面视图和正等轴测图，尺寸不需标注。绘制完毕后保存成一个文件，文件名为"试题 2"。(每题 10 分，共 20 分)

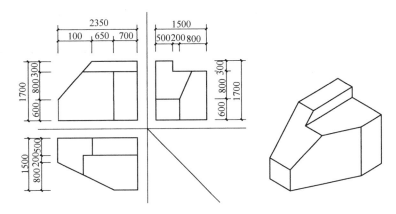

编　号	评分点	评分标准	分　值	得　分	小　计
图 2-1	W 面投影 （5分）	外轮廓正确	1分		
		斜线正确	2分		
		矩形绘制正确	2分		
	轴测图 （5分）	基本外轮廓正确	2分		
		大斜面绘制正确	1分		
		切口绘制正确	2分		

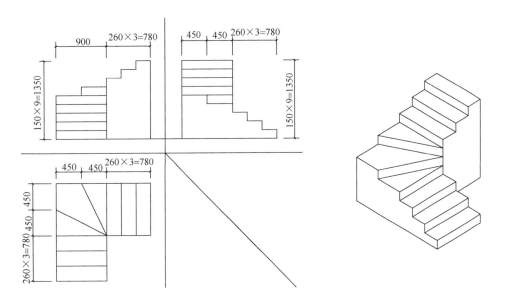

编　号	评分点	评分标准	分　值	得　分	小　计
图 2-2	W 面投影 （5分）	外轮廓正确	1分		
		踏步高度正确	2分		
		斜踏步投影正确	2分		
	轴测图 （5分）	基本外轮廓正确	2分		
		踏步高度绘制正确	1分		
		斜踏步绘制正确	2分		

3. 阅读图 3-1~图 3-7 所示的建筑图，然后抄绘一层平面图，并按规定位置绘制的 1-1 剖面图，并套 A3 图框。绘制完毕后保存，文件名为"试题 3"。(55 分)

编 号	评分点	评分标准	分 值	得 分	小 计
平面图 (35分)	图层设置 (2分)	图层按照要求设置	1分		
		图层"轴线"线型设置为点画线	1分		
	轴线绘制 (3分)	定位正确错一处扣 0.5 分，扣完为止	2分		
		线型比例合适，点画线可见	1分		
	墙体 (5分)	样式、尺寸及定位正确 柱子绘制正确 错一处扣 0.5 分，扣完为止	5分		
	门窗 (5分)	样式、尺寸及定位正确 错一处扣 0.5 分，扣完为止	5分		
	楼梯 (2分)	踏步宽、折断线等绘制正确	2分		
	空调搁板、室外台阶、空调示意、残疾人坡道、散水等 (5分)	错、漏一处扣 0.5 分，扣完为止	5		
	高差绘制 (1分)	卫、入口门下高差线绘制正确 错一处扣 0.5 分，扣完为止	1分		
	尺寸标注 (8分)	起止符号、长仿宋体、字高均正确 错一处扣 0.5 分，扣完为止	1分		
		外墙窗定位尺寸标注正确 错或漏一处扣 0.5 分，扣完为止	2分		
		轴线尺寸标注正确 错或漏一处扣 0.5 分，扣完为止	1分		
		总尺寸标注正确	1分		
		内墙门窗定位尺寸标注完整 错漏一处扣 0.5 分，扣完为止	1分		
		轴号编排规范，轴圈大小正确 错一处扣 0.5 分，扣完为止	2分		
	文字标注 (3分)	门窗名标注正确 错或漏一处扣 0.5 分，扣完为止	1分		
		房间名称标注正确	1分		
		图名及比例标注正确	0.5分		
		楼面标高数值标注正确 (-0.030、0.000、-0.600)	0.5分		
	卫生洁具 (1分)	图形正确	1分		

编　号	评分点	评分标准	分　值	得　分	小　计
剖面图 (20分)	图层设置 (1分)	图层按照要求设置	0.5分		
		图层"轴线"线型设置为点画线	0.5分		
	轴线绘制 (1分)	定位正确	0.5分		
		线型比例合适，点画线可见	0.5分		
	墙体、梁、 (5分)	样式、尺寸及定位正确 填充正确 错一处扣1分，扣完为止	5分		
	门窗绘制 (3分)	样式、尺寸及定位正确 错一处扣1分，扣完为止	3分		
	檐沟和空调板构造 (5分)	檐沟构造3分 空调构造2分	5		
	尺寸、文字标注 (5分)	外墙窗定位尺寸标注正确	1分		
		标高标注正确、标高符号正确（直角等腰三角形，高约3mm)	1分		
		轴线尺寸、总尺寸标注正确 错或漏一处扣1分，扣完为止	1分		
		图名文字	1分		
		内部可见线投影正确	1分		